Unser Leben auf dem Bergbauernhof

MARIA RADZIWON

Unser *Leben* auf dem *Bergbauernhof*

Zwischen Himmel und Erde

benno

Bibliografische Information der Deutschen Nationalbibliothek
Die Deutsche Nationalbibliothek verzeichnet diese Publikation in der Deutschen Nationalbibliografie;
detaillierte bibliografische Daten sind im Internet unter http://dnb.d-nb.de abrufbar.

Besuchen Sie uns im Internet:
www.st-benno.de

Gern informieren wir Sie unverbindlich und aktuell auch in unserem Newsletter zum Verlagsprogramm, zu Neuerscheinungen und Aktionen. Einfach anmelden unter www.st-benno.de.

ISBN 978-3-7462-5926-0

© St. Benno Verlag GmbH, Leipzig
Umschlaggestaltung: Rungwerth Design, Düsseldorf
Covermotiv: Alle Fotos © bei der Autorin, Illustrationen © AngryBrush/shutterstock (Biene),
© Artinblackink/shutterstock (Sonnenblume), © first vector trend/shutterstock (Huhn)
Lektorat: Patricia Fritsch, Leipzig
Layout & Gesamtherstellung: Arnold & Domnick, Leipzig (A)

INHALT

AM ANFANG

– mit großen Visionen
klein beginnen

anfangen

immer wieder neu
die zarten blätter der blüten
die bunten farben des schmetterlings
das saftige grün der wiesen
das kräftige blau des himmels
sehen können

dann
wenn zweifel kommen
wenn etwas nicht gelingt
wenn andere infrage stellen

immer wieder neu
den blick hinauf richten
in die weite und schönheit
den blick hinunter richten
auf die vielfalt und stärke

anfangen
genau da
zwischen himmel und erde

Zwischen Himmel und Erde ...

Es gibt Tage, an denen ich einfach nur durch die Felder streife und ab und zu innehalte. Tage, an denen ich den Blick schweifen lasse und fast ein wenig ungläubig all das betrachte, was es hier zu sehen gibt. Nicht dass das großartige oder herausragende Dinge wären – aber sie sind kostbar. Für mich. Für uns. Für unseren Hof.

Den umgekehrten Weg wählen

Als wir hierher auf den „Schotthof" zogen, war das eine recht schnelle Entscheidung. Rückblickend würde man vielleicht „naiv" dazu sagen. Es ist der Hof meiner Großeltern, der damals über zwanzig Jahre lang brach gelegen hatte. Die Felder waren verpachtet, das Haus zeitweise vermietet, der Stall stand schon geraume Zeit leer.

Als Kind war ich hier am liebsten, hier am Hof. Sommerferien, Semesterferien, Winterferien ... auch wenn es nur einzelne Tage waren: Ich war glücklich. Und tief in mir war die Sehnsucht, eines Tages hier zu leben. Ich kann nicht genau sagen, *was* diesen Ort hier so kostbar für mich machte. Ob es die Ruhe war, die Nähe zu den Tieren und der Natur oder einfach nur die große Freiheit, die ich hier erleben durfte – ganz im Gegensatz zum Alltag in der Stadt.

Als mein Großvater starb, war ich sieben Jahre alt, es war einige Tage vor meiner Erstkommunion. Ich kann

> Es gibt Tage, an denen ich einfach nur durch die Felder streife und ab und zu innehalte.

mich noch heute an das beklemmende Gefühl erinnern, das damit in mein Leben trat: Ich spürte, dass mein kleiner sicherer Hafen hier in den Bergen in Gefahr war. Mein Großvater – ich liebte ihn und seine Scherze über alles – war nicht mehr da, und ich wusste, dass ohne ihn der Hof nicht mehr derselbe sein würde. Mit seinem Tod brach ein Stück geliebte Kindheit für mich weg, denn meine Großmutter wollte nicht allein am Hof leben und übersiedelte in ein Seniorenwohnheim in der der Stadt.

Das ist etwas, das ich immer wieder beobachtete: Niemand wollte hier leben. Meine Mutter nicht, ihre Geschwister nicht. Etwas, das in ländlichen Gegenden oft zu erleben ist: Menschen wollen weg, sie möchten etwas erleben, die Stadt reizt mit ihren Angeboten.

Der „Schotthof" aus der Vogelperspektive, lange bevor wir dort einzogen.

Für uns war es der umgekehrte Weg – aus der Stadt kamen wir hierher. Wie schon erwähnt, ziemlich naiv. Aber trotzdem bereuten wir nicht eine Sekunde diese Entscheidung.

Wachsen an Schwierigkeiten

Das erste Jahr war wohl das schwierigste. Wir waren es nicht gewohnt, Wind und Wetter so ausgesetzt zu sein. Wir hatten keine Ahnung von Landwirtschaft und konzentrierten uns hauptsächlich auf das alte Bauernhaus meiner Großeltern. Sehr schnell hatten wir festgestellt, dass hier in den 70er-Jahren wohl das letzte Mal etwas Grundlegendes gemacht worden war. Die Wände waren noch mit Strohmatten verputzt, die im Laufe der Jahrzehnte nach unten gerutscht waren und nun in Bodennähe richtige „Bäuche" an der Wand bildeten. Es gab kein Heizungssystem, kein fließendes Warmwasser und die Decken des Hauses waren so niedrig, dass mein Mann sich mit seinen knapp zwei Metern Körpergröße jedes Mal daran stieß, wenn er sich ausstreckte. Die Holztreppen waren alle unterschiedlich hoch, was auch sehr gewöhnungsbedürftig war, und die Stromsicherungen waren aus Keramik. Bei jedem Gewitter blitzte es aus den Sicherungen – unheimlich in einem Holzhaus!

Ein langsames Vorankommen

Wir begannen Stück für Stück, das Haus zu renovieren. Zimmer für Zimmer, es ging nach Dringlichkeit. Die Reihenfolge legten wir nach unseren Bedürfnissen fest. Wir kauften einen Werkstattofen, um im Schlafzimmer heizen zu können. Unsere damals knapp einjährige Tochter schlief bei uns im Bett, weil es sonst einfach zu kalt gewesen wäre. Vor allem in den Morgenstunden, wenn kaum mehr Wärme vom abendlichen Einheizen gespeichert war, war es eine Herausforderung, aus dem warmen Bett zu steigen.

Wir hatten zwar bereits ein halbes Jahr vor unserem geplanten Umzug mit dem Entrümpeln und Renovieren begonnen, aber es war ein langsames Vorankommen. Immer wieder erwarteten uns Überraschungen: Mal waren es faule Bretter, dann wieder riesige – Gott sei Dank verlassene! – Wespennester in den Wänden oder jede Menge Mist und übelriechende Stoffstücke, die wohl in den Nachkriegsjahren als Dämmmaterial verwendet worden waren. Es gab Momente, in denen wir nicht recht weiterwussten und leise Zweifel auf-

> Es war ein „Learning by Doing".
> Manches gelang überraschend gut,
> anderes blieb und bleibt bis heute
> ein Kompromiss.

kamen, ob wir jemals in einem angenehm wohnlichen Haus leben würden.

Aber es gab Menschen, die uns – auch wenn sie immer wieder vorsichtig anklingen ließen, wie verrückt wir doch waren – weiterhalfen. Ein Bauer, der die Felder meiner Großeltern gepachtet hatte, zeigte uns Möglichkeiten, die Wände neu „aufzulatten", also einigermaßen gerade hinzubekommen. Er vermittelte uns den Kontakt zu Handwerkern in der Region für Arbeiten, die wir uns nicht selbst zutrauten. Nach und nach lernten wir so Menschen kennen und Zimmer für Zimmer (wir konnten immer nur so viel weiter gestalten, wie es unser Erspartes erlaubte) arbeiteten wir uns weiter vor, lernten dazu und fanden heraus, wie bestimmte Dinge am besten funktionierten. Es war ein „Learning by Doing". Manches gelang überraschend gut, anderes blieb und bleibt bis heute ein Kompromiss.

Erste Schritte

Als wir hier einzogen, waren eine Art Wohnzimmer und eine provisorische Küche fertig. Immerhin hatten wir auch ein kleines Bad und konnten so die Waschmaschine anschließen. Rückblickend betrachtet war es mehr die Fortsetzung unserer kleinen Studentenwohnung als der Start in einem Bauernhaus. Aber da wir uns zu diesem Zeitpunkt noch keine Gedanken über ein Bewirtschaften des Hofes gemacht hatten, konzentrierten wir uns auch mehr auf unsere damaligen Jobs und das Koordinieren unserer Dienstpläne, damit immer jemand von uns bei unserer kleinen Tochter sein konnte. Während mein Mann in einem Altersheim in der Umgebung als Pfleger arbeitete, absolvierte ich mein Praktikumsjahr nach dem Theologiestudium im angrenzenden Osttirol. Beide hatten wir beträchtliche Wegstrecken zurückzulegen, um zu

unseren Arbeitsplätzen zu gelangen – aber wir waren das gewohnt. In der Stadt hatten wir oft länger in den Staus gestanden oder auf öffentliche Verkehrsmittel gewartet. Häufig wurden wir ob unserer weiten Wege bemitleidet. Kaum jemand konnte sich vorstellen, dass das für uns wirklich das geringste Problem war.

Wege finden

In unserem ersten Winter auf dem Hof im Jahr 2008 schneite es über Nacht mehr als einen Meter. Beim Öffnen der Haustüre war es kaum möglich, hinüber zum Stallgebäude zu sehen. Unser Auto war unter den Schneemassen versunken und die Straße zu uns herauf nicht mehr zu erkennen. Auch wenn es eine wunderschöne weiße Pracht war, war es beängstigend. Vor allem als dann der Schneepflug unten vorbeifuhr und offensichtlich nicht daran dachte, dass der Weg zu unserem Hof auch geräumt werden sollte – das Haus war ja mittlerweile bewohnt!

Über manches, was wir hier in den Anfangsjahren erlebt haben, kann ich lachen. Heute. Damals fühlte es sich einfach nur fremd und oft auch beängstigend an. In ein abgelegenes Tal zu ziehen, niemanden zu ken-

1
In den Anfangsjahren gab es bei den Renovierungsarbeiten viel Unterstützung – selbst vom jüngsten Familienmitglied.

2
Das Wohngebäude kurz nach unserem Einzug.

3
Ein Mann, ein Mischer – viel zu tun.

1

2

3

nen, in ein altes renovierungsbedürftiges Haus mit einem Kleinkind, und sich auch noch in völlig neuen Arbeitssituationen zu finden, war eine Herausforderung. Und es war eine Umstellung – vor allem im Vergleich zum Leben in der Stadt, aus der wir ja beide ursprünglich kamen. Von öffentlichem Verkehr konnte keine Rede sein. Ohne Auto war nicht einmal einkaufen

> Das verbindet Menschen,
> und so gab es immer wieder
> Nachbarschaftshilfe, wie wir sie
> zuvor nicht erlebt hatten.

möglich, und Kinderbetreuung während der Arbeitszeit war hier offensichtlich (noch) nicht notwendig: Üblicherweise waren die Frauen zu Hause. Die meisten Männer arbeiteten auswärts und es war höchst ungewöhnlich, dass man von sich aus ein Kind schon recht früh im Kindergarten oder einer Spielgruppe anmelden wollte. „Warum gehen Sie denn überhaupt arbeiten?", war die Frage, die mir am häufigsten gestellt wurde, worauf ich mich immer wieder aufs Neue zu rechtfertigen versuchte – mit wenig Erfolg. Ein kleines Kind zu Hause und beide Elternteile arbeiteten? Das schien unvorstellbar.

Anderer Blickwinkel

Man braucht einen langen Atem, wenn man schon viel anderes erlebt und gesehen hat – und dann hier landet. Ein wenig fühlt sich manches an wie „Zeitverzögerung" und es dauerte einige Jahre, bis wir dies als wirklich großen Schatz für uns entdecken konnten. Man könnte auch „Entschleunigung" dazu sagen. Aber es brauchte Zeit, bis wir dies begreifen, annehmen und vor allem auch wahrnehmen konnten. Denn dieses „Nicht-Mithalten-Können" (oder Wollen?) öffnet auch Perspektiven für andere, neue Lösungen. Es macht Werte spürbar, die wir im städtischen Kontext so nicht (mehr) erlebt hatten.

Die Natur bestimmt hier vieles. Dass Straßen gesperrt werden, dass Schneeketten täglich notwendig sein können und dass Straßenräumung im Winter keine Selbstverständlichkeit ist, setzte einen Lernprozess in Gang und ermutigte uns, eigene Strategien zu finden. Genauso im Sommer: Wenn ringsum die Feldarbeit wartet, weil das Wetter gerade ideal dafür ist, geraten andere Dinge völlig in den Hintergrund. Das verbindet Menschen, und so gab es immer wieder Nachbarschaftshilfe, wie wir sie zuvor nicht erlebt hatten.

Neuer Alltag

Heute – gut zehn Jahre später – fühlt sich manches schon ganz selbstverständlich an. Wir werden nicht mehr (nur) als die „Stadtler" oder die „Zugezogenen" bezeichnet. Mein Mann ist der „junge Schott", ich die „Schottin" und die Kinder sind die „Schottkinder".
Als wir das vor vielleicht zwei Jahren zum ersten Mal hörten, verstanden wir: Jetzt erst sind wir hier wirklich angekommen. Nun rechnet wohl kaum mehr jemand damit, dass wir aufgeben und in die Stadt zurückgehen.
Es hat – im Rückblick vor allem – alles seine Zeit. Es brauchte dieses Herantasten an das Leben hier, es brauchte Erfahrungen, die auch bitter waren, und offensichtlich wandelten auch wir uns durch unser Leben hier. Prioritäten verschoben sich und manches kam ganz anders als erwartet (besser!) oder war wiederum nicht so möglich, wie wir das ursprünglich geplant hatten.
Alles in allem war und ist es eine Herausforderung, aber vielleicht ist das eigentlich für jeden so, wo auch immer sein Zuhause ist: Niemand weiß, was an einem neuen Tag wartet, und rückblickend stellt sich so manche Schwierigkeit als Segen heraus.
Manches braucht und hat einfach seine Zeit. Es fällt nur manchmal schwer, das wirklich so anzunehmen, während man voller Tatendrang etwas verändern oder weiterbringen möchte.

Wie alles begann ...
nicht immer ganz nach Wunsch

Als wir hierherkamen, knapp 200 Kilometer von unserem vorherigen Zuhause entfernt, war alles neu. Wir kannten niemanden. Unsere Arbeitsfelder waren ein Neuanfang und auch als Paar und Eltern war das Hierherkommen in vielerlei Hinsicht eine Neuorientierung. Und doch waren wir zuversichtlich, planten Tag für Tag und waren froh und dankbar ein eigenes Haus zu haben und ein wenig Grün ringsum.

Zuvor hatten wir mit unserer kleinen Tochter in einer feuchten, dunklen Wohnung in einem alten Haus in einem Dorf in Stadtnähe gewohnt, wo vor allem große Gemüsefelder zu finden waren. Vorwiegend schienen sie mit vielerlei Chemikalien behandelt worden zu sein – die bunten Körner und Säcke an den Feldrändern ließen darauf schließen –, zumal wir uns beim Spazierengehen immer nach der Ursache des Geruchs ringsum fragten. Zwischen den Gemüsezeilen war kein Unkraut zu finden. Wir gingen viel spazieren, vor allem während der Schwangerschaft – aber zunehmend veränderten wir unsere Route, da der Geruch phasenweise nicht zu ertragen war. In dieser Zeit schlossen wir Ausbildung und Studium ab. Wir wollten weg aus dieser feuchten, dunklen Wohnung im Keller,

Ja, das war unser Platz, unser Zuhause.

aber je mehr wir uns fragten, wonach wir uns sehnten, umso bedrückender fühlte sich die Situation an. Bei Recherchen nach Häusern oder Wohnungen mit einem kleinen Garten stellten wir fest: Das würden wir uns niemals leisten können!

Spontaner Entschluss

Es war ein sonniger Tag im Juni 2007, als wir uns gemeinsam mit meiner Mutter auf den Weg hierher auf diesen Hof machten. Zu diesem Zeitpunkt war das

Haus vermietet, die Felder verpachtet. Der Stall diente offensichtlich als Lagerplatz für allerlei landwirtschaftliche Geräte des Pächters. Als wir aus dem Auto ausstiegen, war es mein Mann, der hinüber auf die andere Talseite blickte und ganz unvermittelt sagte: Warum können wir eigentlich nicht hier wohnen?

Damals war es für uns einfach eine interessante Herausforderung. Rückblickend können wir es manchmal gar nicht glauben, dass wir das alles wirklich durchgehalten haben.

Erst konnte ich nicht glauben, was ich da hörte – schließlich war er doch durch und durch Stadtkind –, aber da war tief drin ein großes Glücksgefühl: Ja, das war unser Platz, unser Zuhause. Meine Erinnerungen an die Zeit, die ich hier als Kind verbracht hatte, kamen hoch und mit einem Mal das tiefe Gefühl der Verbundenheit und Vertrautheit mit diesem Ort. Mehrere Jahrzehnte hatte ich nicht gewagt, daran zu denken, wirklich jemals wieder hier sein oder gar leben zu dürfen. Wir betrachteten Fotos aus meinen Kindertagen und besprachen uns mit meiner Mutter, die gar nicht glauben konnte, was wir im Sinn hatten. Aber sie unterstützte uns und machte es möglich, dass wir das Haus beziehen konnten.

Das große Aufräumen

Es dauerte eine Weile, bis wir – zuerst nur an den Wochenenden – hierherkommen konnten. Während der Woche waren wir gut 200 Kilometer entfernt mit Arbeit und Ausbildung beschäftigt, am Freitagnachmittag setzten wir

uns ins Auto und fuhren erst spät sonntagabends wieder zurück, um am Montag wieder im städtischen Alltag starten zu können. Es war eine anstrengende, aber auch aufregende Zeit. Im Februar 2008 begannen wir mit dem Aus- und Aufräumen im Haus. Und stellten fest, welch „Bruchbude" es doch eigentlich war. Die Erinnerungen hatten vieles nicht berücksichtigt, das jetzt aber für uns wichtig war: Strom, Wärme, eine Kochmöglichkeit, funktionierende Toiletten ...

Ich stand stundenlang auf dem Dachboden und sortierte Unmengen von Altglas, Dosen, Papier, Kleidung ... – eben alles, was man in Zeiten, in denen es noch keine Recyclingsysteme gegeben hatte, einfach in Säcke oder Kisten gestopft auf dem Dachboden gelagert hatte. Es waren keine großen Schätze dabei: nur das ein oder andere Stück Geschirr, das wir heute noch benutzen, und andere Kleinigkeiten. In erster Linie aber war es Müll. Unfassbar, wie viel sich da in Jahrzehnten gesammelt hatte und dass es niemandem in den Sinn gekommen war aufzuräumen! Es dauerte, bis alles entrümpelt war, und erst dann konnten wir mit den Renovierungsarbeiten beginnen. Nach und nach offenbarte sich uns der wahre Zustand des Hauses. Damals war es für uns einfach eine interessante Herausforderung. Rückblickend können wir es manchmal gar nicht glauben, dass wir das alles wirklich durchgehalten haben. Der viele Staub, die unzähligen verlassenen Wespennester zwischen den Deckenbalken, die faulligen Holzdielen, die kaputten Bleirohre ...

1
Spaß im Schlauchsalat bei den Renovierungsarbeiten.

2
Das erste Gerät, das wir anschafften, war ein Holzspalter.

3
Bei den Schremmarbeiten auf der Terrasse entdeckten wir eine alte Treppe. Wir haben sie erhalten und die Terrasse drumherum gebaut, so haben wir eine Stiege hinunter in den Keller.

Tatkräftige Unterstützung

In den ersten Jahren war mein Vater eine große Hilfe: Er kam, wenn er gebraucht wurde. Er packte an – vor allem beim Holzspalten – und hatte offensichtlich große Freude mit seiner kleinen Enkelin. Es war für ihn eine willkommene Aufgabe am Beginn seiner Pension und für uns war es Entlastung und Unterstützung gleichermaßen.

Auch die Schwiegereltern aus Polen kamen immer wieder. Sie schüttelten zwar einerseits den Kopf über unser staubiges Haus voll endloser Baustellen, aber sie packten mit an. Einmal reisten sie sogar per Flugzeug an. Mit im Gepäck: „ordentliche Brecheisen", um die verputzten Strohmatten, die mit Drahthaken und Nägeln an den Holzwänden befestigt waren, abmontieren zu können. Dass die Küche heute so aussieht, wie sie ist, verdanken wir zu großen Teilen meinem Schwiegervater. Er war es auch, der half, den alten (und, wie wir dann feststellten, im Boden durchgerosteten) Küchenherd irgendwie abzumontieren – eine unfassbar schwierige Angelegenheit, die kaum bewältigbar schien.

Kein Museum

Doch nicht jeder unterstützte unsere Veränderungen am Haus so unkompliziert. Für meine Mutter war es offensichtlich schwierig, mit anzusehen, wie wir Stück für Stück das Vertraute entsorgten, abbauten oder entfernten. Unerbetene Ratschläge und viele sehr schwierige Gespräche sollten uns jahrelang begleiten. Letztlich aber waren ja wir es, die hier wohnen und unser Leben gestalten sollten. Und wir wollten nicht in einem Museum leben und „die gute alte Zeit" heraufbeschwören. Auch wenn wir das anfangs nicht ganz so tragisch sahen, war das Leben ohne fließendes Warmwasser, ohne Heizung und ohne ordentliche Wohnraumgestaltung doch belastend. Für uns drei, aber auch für unsere Vorstellungen für die Zukunft. Es dauerte Jahre, bis das Vertrauen meiner Mutter in uns wuchs und sie mehr und mehr den Veränderungen Platz geben konnte – vor allem in ihrem Herzen.

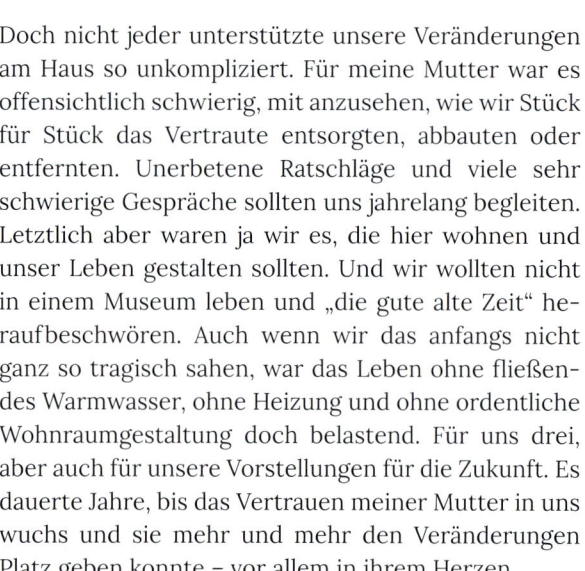

Zweifel

Der erste Winter 2008 war eine große Herausforderung. Es schneite und schneite und schien nicht aufhören zu wollen. Als ich morgens die Haustüre öffnen wollte, war diese eingefroren. Ich rüttelte und zerrte und hielt letztlich beinahe den Türgriff in der Hand, bis sie endlich nachgab. Als ich dann hinausblickte, konnte ich es nicht fassen: Da lag so viel Schnee, dass ich das Stallgebäude nicht mehr sehen konnte. Das Auto war unter der Schneedecke verschwunden. Einerseits war ich fasziniert – und andererseits bekam ich es mit der Angst zu tun: Würde das Dach diese Schneelast

> *Noch nie in meinem Leben hatte ich so viel Schnee gesehen.*

überhaupt halten? Noch nie in meinem Leben hatte ich so viel Schnee gesehen. Und noch nie zuvor war ich in der Fremde gewesen, in einer Situation, in der ich einer solchen Naturgewalt ausgeliefert war.

Rückblickend war dieser Winter ein Segen. Das konnte ich anfangs nicht so sehen. Ich haderte: mit der Natur, mit unserer Entscheidung, mit unserer Lebensgestaltung – mit allem eigentlich. War das jetzt schon alles? Ich mit Kind, vorwiegend zu Hause?

Dunkle Zeiten

Das Haus fühlte sich kalt an. Wir hatten zwei Holzöfen (einen in der Küche, einen in unserem Schlafzimmer) und ein feuchtes, kaltes und muffiges Badezimmer mit einem Elektroheizgerät. Wir überlegten uns sehr gut, ob wir es wagten zu duschen. Meistens beschränkten wir uns auf das Notwendigste. Der kleine Boiler bot nicht gerade große Mengen an warmem Wasser und aus dem Duschkopf spritzte das Wasser überall hin, bloß nicht nach unten. Unsere kleine Tochter war – wie wir auch – zu Hause ständig in warme Kleidung aus Wolle gehüllt: dicke Wollsocken, Filz-Hausschuhe und immer einen dicken Pullover. Sobald wir näm-lich die warme Küche verließen, war es eisig kalt im Haus. Die nasse Wäsche fror am Wäscheständer fest und schon nach wenigen Tagen fühlte sich der viele Schnee (und das ständige Weiterschneien) ganz und gar nicht mehr romantisch und wundersam an. Zweifel kamen hoch. Und ja – auch Angst: Welchen Weg hatten wir da nur eingeschlagen?

Tiefgehende Erfahrung

Eigentlich waren wir in diesem Winter von einer tiefen Freude erfüllt: Wir erwarteten unser zweites Kind. Das war ein kleiner Hoffnungsschimmer in all dem Schnee, denn im Frühling würden wir Eltern von zwei Kindern sein. Diese Vorstellung wärmte auch an den kältesten Tagen und wir beschlossen, im Haus deutliche Verbesserungen vorzunehmen, um ein warmes Familienleben im kommenden Jahr möglich zu machen. Wir wollten eine Heizung einbauen, in welcher Form auch immer, aber wir wollten Wärme im ganzen Haus, nicht nur in zwei Zimmern. Mit den frohmachenden Gedanken und Vorfreude auf unser neues Familienmitglied halfen wir einander über die schneereichen Tage in der Abgeschiedenheit hinweg.

2

1

1
Eine atemberaubend schöne Landschaft ringsum.

2
Der allererste Winter: Unmengen an Weiß, wohin man auch blickt.

3
Der erste Herbst hier am Hof: Schnee Anfang Oktober!

3

Ende Jänner war dann mit einem Mal alles ganz anders – nicht im Sinne von Schnee, denn den gab es immer noch reichlich. Aber das Herz unseres kleinen Kindes hatte aufgehört zu schlagen. Einfach so. Ohne nachvollziehbaren Grund. Es hatte zwar einen Tag gegeben, an dem ich tief drin in mir eine Ahnung davon gehabt hatte. Ein kurzer Moment der Angst und des Gefühls, dass etwas nicht in Ordnung war, an einem frühen Morgen – aber ich hatte es weggewischt und war dann Tage später wie versteinert, als der Arzt mir am Ultraschallbild zeigte, was er sah: Unser zweites Kind war gestorben. Mitten in all dem Schnee.

Schritt für Schritt arbeiteten wir uns durch die einzelnen Erfahrungen.

Es waren schwere Wochen, die darauf folgten. Bei der Arbeit im Praktikumsjahr fehlte mir die Motivation. Wie sollte ich im Auftrag der Kirche arbeiten, wie sollte ich glaubwürdig sein, wenn ich doch eigentlich tief im Inneren haderte und voller Wut war über das, was geschehen war. Wie konnte Gott so etwas zulassen?

Wandlung im Inneren

Rückblickend war diese Erfahrung eine der wichtigsten für mein Leben – für mich persönlich, für uns als Familie –, aber vor allem auch für das, was sich beruflich in meinem Leben noch ergeben sollte. Die Erfahrung des Verlusts eines Kindes in der Schwangerschaft gemacht zu haben, war wohl auch eine der wichtigsten für meine jetzige Arbeit als Krankenhaus-Seelsorgerin. Es bestärkt, auch ohne es jemals jemandem zu erzählen, darin, nicht unachtsame Floskeln zu verwenden in Situationen, in denen eigentlich die Worte fehlen. Ich arbeite heute mit Menschen im Krankenhaus zusammen, die ich damals aus einer anderen Perspektive kennengelernt hatte.

Und – auch wenn ich mittlerweile zu einem ganz anderen Gottesbild für mich gefunden habe – dieses Hadern und (Ver-)Zweifeln an Gott selbst zu kennen, lässt mich vielleicht ganz anders denen nahe sein, die ich jetzt begleite. Weil ich weiß, dass sich der Glaube durch Erfahrungen im Leben verändert. Und weil ich erfahren habe, dass die tiefsten Krisen ein großer Segen sein können. Nicht in dem Augenblick, in dem sie durchlitten werden. Aber später – wenn es ab und an Momente gibt, in denen man tief im Inneren eine große Dankbarkeit spürt für das, was da gerade geschieht. Diese Gipfelmomente wären wohl kaum so intensiv wahrnehmbar, hätte man vorher nicht auch die Dunkelheit oder die „finstere Schlucht", wie es im 23. Psalm heißt, kennengelernt.

Zurückfinden

Nun – die ersten Schritte hier waren nicht einfach. Um genau zu sein: Sie waren hart. In Summe eigentlich kaum auszuhalten, aber es kam nicht alles zugleich. Schritt für Schritt arbeiteten wir uns durch die einzelnen Erfahrungen. Sie schweißten uns als Paar zusammen, ließen meinen Mann sehen, wie ich ins scheinbar Bodenlose fiel nach dem Tod unseres Kindes, und schenkten mir die Erfahrung eines Menschen, der bei mir blieb, der es aushielt, dass ich nicht mehr „ich" war und nur noch Tränen hatte. Ich lernte ihn auf eine Art und Weise kennen, die ich immer noch wie einen kostbaren Schatz in mir trage. Als Mutter fiel ich in dieser Zeit ein wenig aus der Rolle. Ich war kaum ansprechbar für unser kleines Mädchen und weit entfernt von dem, was ich mir immer gewünscht hatte und wie

1
Barbarazweige blühen
auch mitten im Winter.

2
Das Wegkreuz versinkt
fast im Schnee.

3
Langsam wird es
wieder Frühling.

1

ich es mir vorgestellt hatte, als Mutter zu sein. Unsere Tochter verstand die Tragweite des Geschehenen (noch) nicht und spürte doch sicher, dass etwas ganz und gar nicht in Ordnung war. Es war ein langer, kalter Winter voller Traurigkeit und Zweifel.

Neue Zuversicht

Mit dem Frühling kam auch wieder ein wenig Leben in unsere Familie. Der Schnee schmolz, ein Installateur kam, um uns über ein mögliches Heizsystem zu beraten, und wir fuhren zu den Schwiegereltern nach Polen. Als wir dort ankamen, umarmte mich meine

> Doch schon damals war da so etwas wie eine Ahnung tief in mir drin: Es ist gut.

Schwiegermutter auf eine Art und Weise, die ich tief im Herzen bewahre. Das war der Tag, als ich wieder begann, zuversichtlicher zu werden, und vielleicht das erste Mal in meinem Leben verstand, dass es auch in schweren Zeiten Gutes gibt. Dass man Menschen auf eine Art und Weise kennenlernt, wie niemals zuvor und vielleicht auch nicht danach. Manche auf

eine schmerzliche Weise, enttäuschend tief im Inneren. Und andere ohne große Worte, aber verstehend. Und dass sich vielleicht gerade darin Gott zeigt. Eine Ahnung davon, dass nicht Gott Ursache des Schweren und des Leids ist, sondern dass dies einfach geschieht – warum auch immer. Aber Gott ist da – bleibt nahe, stellt Menschen zur Seite, die mitgehen, mitfühlen, mittragen. Das zu erkennen, braucht Zeit. Bei mir Jahre. Viele Jahre, um dies wirklich in Worte fassen zu können für mich. Doch schon damals war da so etwas wie eine Ahnung tief in mir drin: Es ist gut. So wie es ist. Auch wenn es anders ist als erhofft, erwünscht und ersehnt.

2

3

Landleben ... Schritt für Schritt hinein ins Abenteuer

Glück auf vier Pfoten

Als wir hier einzogen, kam uns sehr schnell die Idee einer Katze als Haustier. Wir hatten Glück und konnten eine dreifarbige Glückskatze bei meiner Tante, die etwa eine Stunde von uns entfernt lebte, abholen. Anfangs waren wir unsicher, ob wir das Tier im Haus oder nur draußen halten sollten. Diese Entscheidung nahm uns der Geruch der Hinterlassenschaften in einem Zimmer ab – fortan war unsere Katze nur noch selten im Haus willkommen, vorwiegend streunte sie durch die Wiesen und Felder und kam regelmäßig vorbei, um ein wenig Trockenfutter zu fressen. Unsere kleine Tochter war sehr glücklich mit der Katze. Sie untersuchte sie gründlich mit einem kleinen Arztköfferchen, verzierte die in der Sonne schlafende Katze mit gepflückten Blumen und versuchte, sie auch im Puppenwagen spazieren zu fahren.

Neubeginn mit alten Hühnern

Ich weiß nicht mehr ganz genau, wann es war, aber irgendwann kam uns der Gedanke, eigene Hühner zu halten. Damals waren die Felder alle verpachtet und – strenggenommen – auch der Stall. Wir mussten mit dem Pächter sprechen, ob wir einen kleinen Bereich des Stalles nutzen durften. Er schenkte uns sogar ein paar seiner alten Hühner für unseren Start. Es war eine große Freude! Bald war ein kleiner Stallbereich gebaut und die Hühner bekamen einen kleinen, aber feinen Auslaufbereich. Unsere Tochter streichelte die Hühner, fütterte sie mit Ausdauer, und eigentlich konnten wir alle drei uns kaum sattsehen am emsigen Treiben. Jede einzelne Henne war kostbar für uns, und ich erinnere mich heute noch an einen Anruf beim Tierarzt, weil ein Huhn hinkte. Damals konnte ich nicht fassen, dass der Tierarzt den Anruf mehr oder weniger für einen Scherz hielt. Mir war es bitterernst: Ich machte mir Sorgen um das Huhn. Heute – gut zehn Jahre später – würde ich wohl kaum den Tierarzt wegen einer hinkenden Henne rufen. Die Sorge aber ist geblieben. Wir achten darauf, dass das beeinträchtigte Huhn Schutz erfährt vor den anderen, oft sehr groben Hühnern, und wissen, dass es sein kann, dass seine Lebenszeit nur noch begrenzt ist. Das ist etwas, das

1

2

3

4

auch schon die Kinder beim Beobachten der Hühner erkennen und lernen. Sie sind jene Tiere, die – neben den Katzen – wohl eine Art Konstante auf unserem Hof geworden sind. Ihre Eier sind kostbar. Wir mussten seit mehr als zehn Jahren keine Eier mehr kaufen und können sogar einen Teil der Eier weitergeben. Zwischen unseren ersten Hühnern, die wir geschenkt bekommen haben, und der Hühnerschar, die heute auf unserem Hof lebt, liegen viele Erfahrungen und Erkenntnisse. Alles davon ist wichtig, manches können wir heute mit Humor sehen, anderes bereitet uns immer wieder von Neuem Sorgen. Es ist ein Hand-in-Hand-Gehen mit der Natur, mit den Tieren und dem, was jeder Tag an Überraschungen mit sich bringen kann. Den Besuch eines Fuchses zum Beispiel ...

Prioritäten setzen

Als im Winter 2010 unsere Zwillingsmädchen zur Welt kamen, schlief die Sehnsucht nach Landleben ein wenig ein. Wir waren gut beschäftigt. Die Schwangerschaft war unkompliziert gewesen, wenn auch eine große Herausforderung: Die Angst, dass es den Kindern im Bauch nicht gut gehen könnte, war ein ständiger Begleiter und lag wie ein Schatten auf aller Vorfreude und Dankbarkeit für diese beiden kleinen Wunder. Einen Tag vor dem Heiligen Abend konnten wir unsere zwei Mädchen endlich begrüßen und den

1
Die Küken sind noch etwas schüchtern.

2
Der „junge Schott" war schon immer für ein Späßchen zu haben ...

3
Katzen sind eine tierische Konstante auf unserem Hof.

4
Unsere Hühnerschar ist über die Jahre gewachsen und mutiger geworden.

Jahreswechsel schon zu Hause mit den drei Kindern erleben. Vieles war nun anders. Das Haus war immer noch eine Baustelle und mit den neuen Familienmitgliedern war manches nicht mehr so einfach. Die Arbeiten im Haus gingen viel langsamer voran als zuvor und wir entdeckten Problemstellen im Haus, die uns zuvor gar nicht bewusst gewesen waren und um die wir uns nun schnellstens kümmern mussten. Die brüchigen Treppen mit den unterschiedlich hohen Stufen zum Beispiel – es war höchste Zeit, dass ein Tischler da eine stabile und doch kostengünstige Treppe einbaute. Auch der Balkon musste nun endlich erneuert werden und das Geländer der Terrasse. Drei kleine Kinder im Blick zu haben, war nämlich gar nicht so einfach!

> Wir waren zufrieden mit unseren Hühnern und unserer Katze. Mehr Pläne hatten wir nicht in Sachen Landwirtschaft.

Im Sommer beobachteten wir den Pächter mit seiner Familie beim Heuen und bewunderten die vielen großen Geräte. Wie sollte man Landwirtschaft auch anders gestalten können – so dachten wir. Wir waren zufrieden mit unseren Hühnern und unserer Katze. Mehr Pläne hatten wir nicht in Sachen Landwirtschaft.

Am Boden der Realität

Nach der Geburt unseres Jüngsten kam aber wieder stärker die Sehnsucht nach ein wenig Selbstversorgung auf. Nach vielem Lesen von Fachliteratur und zahlreichen Dokumentationen befanden wir: Eine Ziege – das wäre doch was! Wieder gab es Gespräche mit dem Pächter, und wir konnten ihm sogar ein wenig Heu abkaufen, um auch Futter für unser neues Tier zu haben. „Heidi" war unsere erste Ziege. Braun mit schwarzen Ohren, innig geliebt von den Kindern und doch – einsam. Nur wenige Tage später sorgten wir für eine Gefährtin und „Mecki" kam dazu.

Die beiden Ziegen schienen sich wohlzufühlen, vor allem als auch ein Bock von einem Nachbarn für einige Zeit bei uns einzog und sich danach Nachwuchs bei den Ziegen ankündigte. Ich denke, es war damals, als unsere Freundschaft mit den Nachbarn, deren Haus am Ende der Straße liegt, die zu unserem Hof führt, so richtig begann. Wir waren ja wirklich völlig ahnungslos und gingen sehr naiv an die Sache heran. Ein Segen, dass uns unser Nachbar immer wieder helfend zur Seite stand: Ob es um das Klauenschneiden, Melken oder eben die Geburt eines Kitzes ging – wir konnten auf seine Unterstützung zählen.

Es war eine bittere Erfahrung, dass Heidis erste Geburt gar nicht gut verlief. Wir riefen die Tierärztin, die nur noch zwei tote Kitze feststellen konnte und ein völlig geschwächtes Muttertier. Unsere Heidi verstarb nur wenige Stunden später.

Das war eine schwere Erfahrung: für uns Eltern, aber auch für die Kinder – ganz besonders unsere älteste Tochter. Zum ersten Mal erlebte sie ganz bewusst das Sterben. Sie beobachtete die Ziege, die wir weich und trocken betteten, um ihr ein möglichst angenehmes „Gehendürfen" zu ermöglichen.

> **Wir waren ja wirklich völlig ahnungslos und gingen sehr naiv an die Sache heran.**

Überhaupt war unser Anfang mit „größeren Tieren" nicht unbedingt von Glück getragen. Wir kauften schnell eine zweite Ziege, um „Mecki" eine Gefährtin zu geben. Es war bitter, als eines Tages – wir hatten eine kurze Wanderung unternommen und waren ei-

1
Unsere erste Ziege „Heidi".

2
Die ersten Zäune wurden in Gemeinschaftsarbeit gebaut.

3
Maja, unser geliebter Familienhund.

nige Stunden nicht zu Hause gewesen – auch „Mecki" starb. Mit ihrem Halsband hatte sie sich in Ästen verfangen und war nicht mehr freigekommen. Wir konnten sie nur noch tot aus den Astgabeln befreien.

An diesem Tag waren wir an einem Tiefpunkt. Wir hatten das Gefühl, dass das vielleicht ein Zeichen war, dass wir nicht die Richtigen für die Landwirtschaft wären. Nicht mal im Kleinen.

Das Geschehene annehmen

Wir waren traurig. Und am Boden der Realität angekommen: Landwirtschaft, Bauer sein – das ist nicht nur heiter und idyllisch. Sterben und Tod waren ein wesentlicher und, wie uns schien, fast beständiger Begleiter.

Wir wussten nicht, wie wir weiter vorgehen sollten. Noch mal eine Ziege kaufen? Oder unsere eine verbliebene Ziege vielleicht an jemanden verkaufen, der sich besser auf die Tiere verstand? Wir konnten zu keiner Entscheidung finden.

Bei einer kleinen Abendrunde spazierten wir mit den Kindern auch bei unserem Nachbarn vorbei. Auf einer Bank neben dem Wegkreuz, das an der Weggabelung zu uns herauf steht, saßen wir und erzählten ihm unser Unglück mit den Ziegen. Er hörte geduldig zu und meinte dann, dass das wohl dazugehöre. Im ersten Jahr wären auch auf seinem Hof ständig Tiere verstorben. Jungtiere, Lämmer, Kitze, Muttertiere … – es sei zum Verzweifeln gewesen. Dennoch lag eine tiefe Zuversicht in seinen Worten und er ermutigte uns durch seine Erzählungen, das Geschehene anzunehmen, aus Fehlern zu lernen (keine Ziege hatte danach je wieder ein Halsband) und vor allem an den Erfahrungen zu reifen und zu wachsen. Wir lernten, nicht so schnell aufzugeben und uns nicht entmutigen zu lassen.

Seitdem beobachten wir das immer wieder. Es gibt Jahre, in denen viele Tiere sterben, und Jahre, in denen alles so läuft, wie man es sich vorstellt und erhofft. Kaum jemals findet sich eine klare Ursache. Die Natur, die Schöpfung, hat ihre eigenen Gesetze und Rhythmen und wir lernen immer wieder aufs Neue, das anzunehmen und in diesem Lauf des Lebens mit-

zugestalten, was uns möglich ist. Dabei wird deutlich, wie wenig eigentlich in unseren Händen liegt.

Vierbeinige Gefährtin

Immer wieder hatten wir davon gesprochen, dass irgendwie ein Hund auf unserem Hof fehlte. Aber die Kinder waren noch sehr klein und vor allem noch nicht so ganz sicher zu Fuß unterwegs, und die Sorge war groß, dass das mit einem Welpen zu gefährlichen Situationen führen könnte. Aber irgendwann, als unser jüngstes Kind sicher auf den Beinen war, entschlossen wir uns, dass ab jetzt nichts mehr dagegensprechen würde.

Es war ein netter Zufall, dass in der Zeitung gerade eine Anzeige darauf hinwies, dass auf einem Bauernhof in der Nähe Hundenachwuchs auf Interessenten wartete. Noch am selben Nachmittag saßen wir im Auto – vorerst nur mit der Absicht, uns mal ein Bild von den kleinen Hunden zu machen. Das blieb natürlich ein frommer Wunsch! Die Kinder sahen die Welpen und waren sofort begeistert. Ein kleines Hundchen hatte offenbar Gefallen an unserer Ältesten gefunden und es war klar: Dieses Geschöpf musste mit uns kommen. Laut Bäuerin war es ein kleiner Hundeherr und so tauften wir ihn kurzerhand Max.

Auf dem Nachhauseweg besorgten wir noch einen großen Hundekorb, Futter und eine Leine. Auf so schnellen Familienzuwachs waren wir nämlich nicht vorbereitet gewesen.

Als wir jedoch zu Hause aus dem Auto stiegen, war schnell klar: Das konnte kein Max sein. Während unser neues Familienmitglied sein „Geschäft" erledigte, waren wir erneut auf Namenssuche. So wurde aus unserem Max eine Maja, und sie ist seitdem eine wertvolle Gefährtin für die ganze Familie.

Jägerin

In den ersten Wochen hielt uns unsere kleine Hundedame mächtig auf Trab. Sie konnte sich nicht rechtzeitig melden, wenn sie hinauswollte, und so musste ich den Boden oft mehrmals am Tag wischen. Sie knabberte alles an, was ihr in die Quere kam. Sämtliche Skianzüge, Winterstiefel und vor allem die Bommeln der Mützen schienen sie besonders zu interessieren – und irgendwann war alles, was wir nicht rechtzeitig in Sicherheit gebracht hatten, zerkaut und hing nur noch in Fransen von den Garderobenhaken.

Im Freien war es etwas besser – bis Maja die Hühner entdeckte. Sie ließ nichts unversucht, um die armen Tiere zu schnappen. Anschließend legte sie uns sichtlich stolz über ihre Beute die armen, vor Schreck erstarrten Hühner vor die Haustür und erhoffte sich Lob. Das allerdings wollte uns nicht recht über die Lippen kommen – und es dauerte Monate, bis sich unsere kleine Fellnase merkte, dass das mit dem Hühnerjagen keine gute Idee war. Bei den Katzen, ihren Rivalen in Sachen Aufmerksamkeit der Kinder, kennt Maja allerdings keine Gnade: Sie jagt sie immer noch.

Mittlerweile ist Maja eine ältere Dame, viel ruhiger als in den Anfangsjahren – aber immer noch für jeden Scherz zu haben. Sie hat gelernt, mit der Pfote an die Haustür zu klopfen, wenn sie hereingelassen werden möchte. Geduldig liegt sie auf der Terrasse und genießt die Knuddeleinheiten der Kinder. Richtig lebendig wird sie jedoch, wenn sich jemand unserem Hof nähert: Das bleibt nicht unbemerkt, und bis sich unsere Jägerin nicht sicher ist, dass der Besuch willkommen ist, beruhigt sie sich auch nicht.

Wachsendes Interesse

Es war ein langsames Hineinwachsen in die Entscheidung, wirklich einen eigenen Hof zu führen. Wir hatten viele Dokumentationen angesehen, vor allem über Lebensmittelproduktion, über Plastik, über Umwelt … – alles Themen, über die wir zwar glaubten, informiert zu sein, mit denen wir uns aber nie intensiver befasst hatten.

So manche Dokumentation war der Auslöser für ein grundlegendes Überdenken von Gewohnheiten. „Plastic Planet" war zum Beispiel der Anfang unserer mehr oder weniger plastikfreien Küche. Und wir begannen zu lesen, zu recherchieren und ringsum mit Bauern zu sprechen – vor allem mit unserem Nachbarn, der

> Das Mähen will gelernt sein – und auch das Finden des richtigen Zeitpunkts für die Mahd ist eine kleine Wissenschaft.

vieles von „früher" erzählte, als es noch kaum Maschinen gab und man wirklich sehr vom Beobachten der Natur und eben mit der Natur lebte. Wir informierten uns bei der Landwirtschaftskammer und suchten nach Möglichkeiten einer landwirtschaftlichen Ausbildung.

Konkreter Entschluss

2014 war es so weit: Wir übernahmen die Felder und das Stallgebäude und waren fortan „Bauern". Bewusst wollten wir als Biobetrieb starten. Um wirklich ein wenig klarer zu wissen, wie wir am Hof arbeiten wollten, besuchte der zukünftige Bauer abends die landwirtschaftliche Schule. Als dann der Sommer kam, wussten wir allerdings trotzdem nicht recht, wann wir mähen sollten. Wir hatten den alten Motormäher meines Großvaters wieder in Schuss gebracht und einen zweiten, etwas neueren (aber immer noch gut 30 Jahre alten) gekauft. Aber: Das Mähen will gelernt sein – und auch das Finden des richtigen Zeitpunkts für die Mahd ist eine kleine Wissenschaft.

Wir konnten uns kaum an den anderen Bauern orientieren, da diese größere Maschinen hatten und zu einem großen Teil auch Silageballen pressten – da musste das Heu nicht so lange auf dem Feld trocknen und somit war auch die Wetterlage nicht von so großer Bedeutung.

Die ersten Jahre waren ein „Lernen aus Fehlern". Wir mähten, wenn es einen guten Wetterbericht gab – und waren dann überrascht, wie schnell Gewitterwolken aufziehen konnten, die uns das Heu nassregneten. Wir mähten zu große Feldstücke – und waren überfordert, diese Heumenge (mit vier Kleinkindern!) auch trocken in die Scheune zu bekommen. Wir hatten Reibblasen an den Händen, Sonnenbrand am ganzen Körper und waren völlig geschafft am Ende der Heuernte. Aber wir waren auch ein kleines bisschen stolz auf uns. Auch wenn wir es offensichtlich nicht „richtig" machten, so hatten wir doch Heu für unsere Tiere.

Es brauchte Jahre, um die Wolken am Himmel deuten zu können und gute Quellen für den Wetterbericht der Region zu finden. Wir mussten lernen, kleine Fortschritte zu machen und geduldig zu sein, vor allem mit uns selbst. Es war besser, kleine Stücke zu mähen und dann gutes Heu einbringen zu können, als sich mit großen Stücken zu überfordern und diese dann am Feld liegen lassen zu müssen, weil ein tagelanger Regen folgte.

Kleines Wachstum

Wir kauften dem Nachbarn einige Krainer Steinschafe ab, die seitdem unsere steten Begleiter sind. Wir starteten mit fünf Muttertieren und sind mittlerweile bei vierzehn Schafen angekommen. Die Hühnerschar vergrößern wir nach wie vor, und auch Mangalitza-Schweine zogen zeitweise bei uns ein. Mit der Zeit kam auch das Interesse an Bienen dazu und das Bewusstsein dafür, wie wichtig und wesentlich sie für eine gute Ernte und die Artenvielfalt hier am Hof sind.

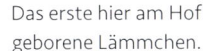

1
Das erste hier am Hof geborene Lämmchen.

2
Eines der alten Geräte, die am Hof noch vorhanden waren. Der Motormäher konnte auch als Zugmaschine für einen Anhänger verwendet werden.

3
Einer unserer ersten Gärten – alles muss klein beginnen.

Stück für Stück versuchten wir uns außerdem an einem Gemüsegarten. In den ersten Jahren umfasste unser Mini-Gemüsegarten etwa einen Quadratmeter. Im Laufe der Zeit wanderte er an alle möglichen Stellen rund um unser Haus. Seit einigen Jahren nun gibt es einen großen Gemüsegarten, der uns monatelang versorgt, mit hölzernen selbst gebauten Hochbeeten unterhalb unseres Hauses. Da die Sommer hier recht kurz sind und die Nächte oft sehr kühl, bauten wir ein Glashaus für Tomaten und Paprika. Wir pflanzten einen Beerengarten und versuchten, verschiedene Getreidesorten und Kartoffeln anzubauen.

Es gibt Jahre, in denen alles gut gedeiht, und Zeiten, in denen Zweifel aufkommen und wir uns fragen, ob unser eingeschlagener Weg vielleicht eine Veränderung braucht.

> Es gibt Jahre, in denen alles gut gedeiht und Zeiten, in denen Zweifel aufkommen und wir uns fragen, ob unser eingeschlagener Weg vielleicht eine Veränderung braucht.

Weiterentwicklung

Schritt für Schritt fanden und finden wir einen eigenen Weg. So manchen abfälligen Kommentar mussten wir vor allem in den ersten Jahren über uns ergehen lassen und auch erfahren, dass man nahezu Wetten abschloss, wie lange wir das wohl „packen" würden. Aber wir waren Misserfolge mittlerweile auch ein wenig gewohnt und spürten, dass sie wichtig waren, dass in ihnen die Aufgabe steckte zu lernen. Sicher, manches Mal ärgerten wir uns sehr (meist über uns selbst) und es gab Momente, in denen wir ziemlich verzweifelten – aber im Großen und Ganzen wuchsen wir an- und miteinander.

Klimawandel

Eine erschreckende Entwicklung, die uns in den letzten Jahren immer stärker bewusst wird, ist, dass sich das Klima tatsächlich zu wandeln scheint. Unmittelbar für uns hier spürbar. Waren in unseren ersten Jahren die Jahreszeiten wirklich noch gut spürbar, ist das Wetter jetzt mehr geprägt von Extremen. Starke, langanhaltende Regengüsse wechseln sich ab mit vielen Wochen extremer Trockenheit und Hitze. Es gibt Sommer, in denen das Heu kaum wächst, weil der Niederschlag fehlt – und es gibt Jahre, in denen wir kaum jemals zwei oder drei Tage hintereinander finden, an

1
Unsere Träume blühen, gedeihen und tragen Früchte.

2
Der erste Hochzeitstag mit drei Kindern – Familie und Hof wachsen.

3
Mama legt die Kartoffeln in die Erde, die Kinder holen sie wieder raus.

denen es warm und trocken genug ist, um zu mähen, zu trocknen und das Heu in die Scheune zu bringen. Im Jahr 2018 fegte ein Orkan über unser Tal, der große Schäden auch an unserem Hof anrichtete und einen Großteil der Waldflächen ringsum vernichtete. 2019 gab es nach relativ warmem Wetter Anfang November innerhalb weniger Tage riesige Schneemengen, die Lawinen, Muren und Erdrutsche verursachten. Das Jahr 2020 sollte dann nochmals so große Schneemassen bringen, dass wir Haus und Hof nicht verlassen konnten und der Schnee sich türmte. Das Metallgerüst unseres Gewächshauses verbog sich und brach unter der Schneelast – übrig waren nur mehr Scherben und verbogene Metallteile. Nur wenige Wochen später gab es erneut große Schneemassen, die eine Herausforderung für die Dächer und auch die Bäume waren. Unsere jahrzehntealten Apfelbäume brachen nach und nach, und die Sorge, ob das Dach unserer Scheune die Schneelast würde tragen können, wuchs. 2020 war ein Jahr, das geprägt war von Schwierigkeiten in aller Welt, und ging auch an unserem Leben und unserem Hof nicht spurlos vorüber.

Verantwortung übernehmen

Es tut mir gut, immer wieder zu erleben, dass ich nicht alles in der Hand habe. Ich werde herausgefordert im Vertrauen und ich spüre, dass das letztlich doch am meisten trägt. Schöpfungsverantwortung wird immer wichtiger für mich und uns – vielleicht besonders deutlich, weil auch wir wahrnehmen und erleben, wie

die Veränderungen ringsum mit Wind und Wetter unmittelbaren Einfluss auf unser Leben haben.
Letztlich sind wir nicht abhängig davon, dass wir uns selbst versorgen können, auch wenn das schön wäre. Wir können immer noch kaufen, was uns fehlt. Aber es macht demütig, sich zu überlegen: Was wäre, wenn?

Denn in vielen Ländern der Erde ist es genau so: Wenn Trockenheit die Ernte vernichtet, bedeutet es Hunger. Wenn Stürme und Regen alles überfluten und wegschwemmen, müssen Menschen sich eine neue Existenz aufbauen. Immer wieder stelle ich mir vor, wie das wohl Generationen vor uns war, als dieser kleine Hof eine Familie ernährte. Nicht in der Vielfalt und

Pflanze deine Träume …
und du wirst ein Wunder ernten.

Ausgewogenheit wie heute, aber es schien möglich zu sein. Alte Dokumente, die wir hier am Hof gefunden haben und die viele Jahrhunderte zurückreichen, belegen das eindrucksvoll.

Kleine beständige Schritte

Die Entscheidung, den Hof zu gestalten und zu beleben, haben wir 2014 ganz bewusst getroffen – und treffen sie immer wieder aufs Neue. Denn es gibt immer noch Herausforderungen, die wir nicht zu meistern glauben. Wir haben etliche Jahre das genutzt, was schon da war, und haben nur repariert und renoviert. Nun aber müssen wir erkennen, dass es auch an uns ist, wirklich etwas Neues zu wagen – auch wenn viele nicht glauben können, was wir vorhaben. „Euer Hof ist doch viel zu klein …" oder „Das ist ja nicht rentabel" – so lauten die Argumente, um uns von unserem Plan abzubringen.
Aber wenn wir etwas gelernt haben in den Jahren hier am Hof – ermutigt von unserem Nachbarn, der uns immer wieder die Augen öffnete für Wege abseits vom heutigen „Standard": Auch – und vielleicht gerade – im Kleinen kann man etwas Gutes bewirken.
Wir wissen, dass es vermutlich auch wieder Rückschläge geben wird und Momente des Zweifelns. Aber vielleicht sind sie es, die dann all die anderen Momente umso wertvoller machen. Es ist ein wenig so, wie es unser ältestes Kind an einem warmen Frühlingstag mit wasserfesten Farben auf ein Hochbeet schrieb: Pflanze deine Träume … und du wirst ein Wunder ernten.

FRÜHLING

– mit Zuversicht im Herzen und Gummistiefeln an den Füßen

frühling

kälte
wind
kühles erdreich
frost in der nacht

sehnsucht
nach wärme
und farbe
und licht

langsam
und bedächtig
werden
zartes grün
pralle knospen
kräftiges wachsen
bunte blüten
im warmen sonnenschein
und
die vögel singen
ein lied der zuversicht

Frühlingsboten

Irgendwann sieht man sie, die kurzen violetten und weißen Blütenköpfe der wilden Krokusse in den Feldern. Wenn sie zu blühen beginnen, wird es wirklich Frühling hier oben. Die weitläufigen Krokusteppiche breiten sich über die Felder aus und von Jahr zu Jahr scheinen es mehr zu werden. Die Natur hat ihre eigenen Regeln und gerade im Frühjahr fällt mir oft der Satz aus der Schöpfungsgeschichte ein: „Gott sah, dass es gut war." Ja – es ist „gut". Ganz ohne menschliches Zutun. Ob es ein trockener, warmer Frühling ist oder ob es viele Regentage und starken Wind gibt: Wir Menschen können das nicht ändern. Es ist, wie es ist. In den ersten Jahren konnten wir allerdings diese erste Jahreszeit noch gar nicht so richtig wahrnehmen und genießen, weil wir irgendwie „gefangen" waren in all unseren Fragen und Plänen. Im Frühling machten wir uns Gedanken um den Sommer, im Sommer dachten wir schon an den Herbst, und so war das Jahr vorbei, ohne dass wir wirklich ausgekostet hätten, was jede Jahreszeit an Schätzen mit sich bringt. Aber wir werden gelassener, vielleicht auch vertrauensvoller, denn jedes Jahr ist anders. Es ist wichtig, feinfühlig zu bleiben für die kleinen und leisen Dinge, die vielleicht auch etwas ankünden – das wir aber nicht wahrnehmen, wenn wir zu beschäftigt mit Äußerlichkeiten sind.

Eine Handvoll Wunder

Der Frühling ist in jedem Fall eine sehr langsame Zeit hier am Hof. Man spürt die Sehnsucht nach frischem Grün, wenn die Sonne länger scheint und der Schnee schmilzt. Und doch braucht es Demut und Geduld, bis es wirklich so weit ist, dass die ersten Grashalme grün leuchten und die Bäume zarte Knospen tragen. Es ist eine Zeit, die die Langsamkeit lehrt und dennoch zeigt, wie wichtig es ist, wachsam zu sein und der Natur zu vertrauen. Die Tiere suchen zwar noch gerne den Stall auf, um die letzten Reste Heu zu fressen, die vom Winterfutter übrig sind, aber vor allem das frische Grün der ersten Halme und ja, auch die Blüten

der Krokusse locken sie nach draußen. Manches Mal schlüpfen zu dieser Zeit schon erste Küken, die schon bald emsig hinter dem Mutterhuhn hertrippeln und in der feuchten Erde scharren. Ein nur wenige Stunden altes Küken vorsichtig in Händen zu halten und dabei den kräftigen Herzschlag des kleinen Wesens durch die weichen flaumigen Federn zu spüren – in diesem Moment fühlt man sich dem Wunder des Lebens besonders nahe.

> Der Frühling führt vor Augen,
> wie sehr alles einander braucht:
> Es gibt nichts in der Natur, das
> nicht einen tieferen Sinn hat.

Staunen und Warten sind eng miteinander verbunden. Was bleibt, ist ein tiefes Vertrauen, dass da irgendwo „mehr" ist, als wir Menschen in Worte fassen können. Zuversicht, dass es nicht wichtig ist, *warum* sondern vielmehr *dass* die Natur sich verändert und wir uns mit ihr. Nacheinander. Nicht alles auf einmal oder völlig durcheinander, sondern Schritt für Schritt.

Miteinander verbunden

Wenn es warm genug ist – auch wenn noch Schnee liegt –, fliegen die Bienen und es ist wichtig, dass sie auch Futter finden. Die blühenden Haselsträucher sind die ersten, die ihnen Nahrung bieten. Was als wildwucherndes Gestrüpp lästig erscheint, hat große Bedeutung für das Ökosystem. Ohne Haselstauden wird es nämlich nicht nur für die Bienen schwierig im Frühling. Denn es braucht Zeit, bis auch die Weiden blühen und die ersten Blumen angeflogen werden können.
Der Frühling führt vor Augen, wie sehr alles einander braucht: Es gibt nichts in der Natur, das nicht einen tieferen Sinn hat. Auf den ersten Blick urteilen wir Menschen manchmal sehr schnell und können oft erst im Rückblick feststellen, wie wichtig auch eine anfangs unverständliche Erfahrung oder etwas scheinbar Unnützes ist. Sicher, das Gestrüpp entlang

der Steinmauern wirkt vielleicht ungepflegt, aber bei sorgsamem Beobachten entdeckt man die Wichtigkeit des Astwerks. Unzählige Tiere finden darunter oder in den Höhlen der Stämme Schutz, Nahrung und einen Platz zum Nisten. Auch kleine Erdbeeren, Blumen und Gräser wachsen im Schatten der Büsche besonders gut und bieten (nicht nur) den Tieren Abwechslung im Futterangebot auf der Weide. Wenn der Mensch eingreift, gerät dadurch ein großes Ganzes ins Wanken.

Es tut gut, sich immer wieder neu bewusst zu machen: Wir sind Teil der Schöpfung, leben in und mit ihr. Starke Schneelast regelt den Wildwuchs und auch so mancher Frühlingssturm lässt Zweige brechen und knicken. Diese dann zu entfernen, lichtet die Sträucher und gibt dennoch genügend Lebensraum für die Tier- und Pflanzenwelt. Sich zurückzunehmen und

der Natur den Vortritt zu lassen bei der Entscheidung, welches Wachstum unterstützt und welches unterbrochen werden soll, ist nicht immer einfach. Aber wo es möglich ist, bemühen wir uns darum. Weil wir immer wieder entdecken, wie wichtig es ist, darauf zu vertrauen, dass es „gut ist" – auch wenn man erst später versteht, warum. Denn es steckt eine Kraft in der Schöpfung, von der wir uns nicht nur im Frühling leiten lassen können. Aus scheinbar dunklem Nichts lugen kräftige Knospen hervor, die offensichtlich etwas fühlen und wissen, das uns Menschen kaum begreifbar ist. Jedes Jahr aufs Neue stellen die Kinder die Frage: Woher wissen die Pflanzen eigentlich, dass es Zeit ist zu wachsen?

1
Die Natur wirkt noch kahl, aber unsere Bienen finden schon erste Blüten.

2
Auch ausgewachsene Hühner lassen sich schön streicheln.

3
Ein blühendes Krokusfeld.

Kreativer Frühling

Wenn ringsum alles zu wachsen und zu blühen beginnt, wird manches Mal auch die Lust spürbar, selbst etwas zu schaffen. Nicht nur gemeinsam mit Kindern macht es Freude, kreativ zu experimentieren – am besten mit einfachen Materialien, ohne besondere Anleitungen und vor allem mit viel Raum für Fantasie und Spaß!

Frühlingsfenster

Bei uns lässt sich der Frühling manchmal ziemlich viel Zeit.
Da tut es gut, ein wenig Farbe „aufs Fenster" zu bringen – so gibt es
Frühlingsfreude auch an kalten Tagen und bei Regenwetter.
Benötigt wird Transparentpapier in Grüntönen und einigen bunten Farben.
Zuerst werden Stängel und Blätter aus grünem Papier geschnitten
und anschließend am Fenster mit etwas Klebeband befestigt.
Das bunte Papier wird quadratisch zurechtgeschnitten, dann diagonal
in der Hälfte gefaltet. Das Papier wird nun mit der breiten Spitze nach
oben aufgelegt, nun werden die beiden seitlichen Spitzen etwas hineingefaltet
auf beiden Seiten, sodass eine Tulpenform entsteht.
Wenn die bunten Tulpenkelche an den grünen Halmen
befestigt sind, ergibt das ein farbenfrohes Frühlingsfenster –
von innen und außen schön anzusehen.

Frühlingskunstwerk

Vor einigen Jahren hatten wir Besuch aus Indien. Unsere Besucherin zeigte den Kindern die Kunst des „Kolam" – seitdem sind diese vergänglichen Kunstwerke nicht nur im Frühling sehr beliebt. Die Grundidee ist es, eine gewisse Anzahl an Punkten festzulegen, um die herum dann in geschwungenen Linien Muster gezeichnet werden. Auf die Punkte bzw. in die Muster können später auch Blüten gelegt werden.

Am Beginn ist es eine gute Idee, die Muster auf Papier aufzumalen, um ein wenig Gefühl dafür zu entwickeln, was möglich ist. Später kann man dann direkt im Freien loslegen.

Man benötigt eine kleine Schüssel Mehl und einige frisch gepflückte Blüten. Zuerst lässt man zwischen zwei Fingern etwas Mehl rieseln und streut Punkte auf. Für den Beginn sind neun Punkte in drei Reihen mit gleichmäßigem Abstand zueinander ausreichend. Nun wird mit dem Mehl ein Muster, das zwischen den Punkten in Schlingen liegt, aufgestreut. Dann kann es mit Blüten verziert werden.

Das Frühlingskunstwerk ist sehr vergänglich – hält aber bis zum nächsten kräftigen Windstoß oder Regenguss. Es kann jederzeit ein neues gestaltet werden.

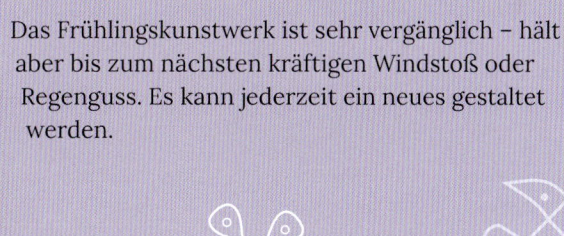

Neue Blickwinkel wagen

Wenn Schweine auf unserem Hof einziehen, ist dies meist im Frühling. Wir haben schon unterschiedliche Rassen versucht und sind nun sehr überzeugt von

> Es ist eine wertvolle Erfahrung, wenn sich durch das Betrachten aus einem anderen Blickwinkel neue Wege eröffnen.

Wollschweinen. Eine alte Art, die langsam wächst und sehr robust ist – allerdings einen mehr als ausgeprägten Sinn für das Wühlen im Erdreich hat. Anfangs bauten wir einen Unterstand im Wäldchen und glaubten die Tiere dort hinter den dicken Steinmauern ringsum sicher. Die Schweine jedoch wühlten so kräftig, bis ein Teil einer Mauer einstürzte: Nun gelangten sie problemlos hinaus zu den Feldern. Sie erkundeten den ganzen Hof und wanderten dann weiter. Das Einfangen war gar nicht so einfach – vor allem weil sie sich sehr wohl fühlten in Nachbars Kartoffelacker. Mit vereinten Kräften mehrerer starker Männer kamen die Ausreißer dann wieder zurück auf den Hof. Vorerst in den Stall, bis die kaputten Mauerteile mit einem Zaun ersetzt worden waren, und wir staunten, wie sehr das Erdreich sich im Wäldchen entlang der Mauern verändert hatte. Die Schweine hatten große Bereiche umgegraben, überall lagen Steine und – wie wir später erkannten – es wuchs an diesen Stellen in der ersten Zeit kaum mehr etwas, weil die Wurzeln weggeknabbert worden waren.

So überlegten wir, ob wir die Wühlfreude der Tiere nicht irgendwie für uns nutzen könnten und endlich – nach einigem Überlegen – hatten wir eine Idee. Ein großer Bereich wurde eingezäunt, der zukünftig als Kartoffelacker dienen sollte und wir brachten die Schweine dorthin. Nach nur wenigen Wochen war der gesamte Bereich umgegraben, sämtliches Wurzelwerk aufgegessen und gedüngt hatten die Schweine den Acker auch gleich!

Es ist eine wertvolle Erfahrung, wenn sich durch das Betrachten aus einem anderen Blickwinkel neue Wege eröffnen. Ob das nun ein herausforderndes Verhalten von Tieren ist, der Wildwuchs von Pflanzen oder etwas anderes, wofür man nicht so einfach eine Lösung findet: sich Zeit zu lassen, ins Gespräch zu kommen und das Ganze aus einer neuen Perspektive zu sehen, löst von bekannten Denkmustern und gibt Raum für Neues.

1

2

3

4

5

Einladung

Als man in früheren Jahren noch sehr auf Selbstversorgung angewiesen war, hatte die Fastenzeit sicher eine ganz andere Bedeutung als heute. Denn die Vorräte gehen im Frühling langsam, aber sicher, zu Ende. Auch wenn ich Jahr für Jahr viel Gemüse und Obst verarbeite, ist auch bei uns der Frühling die Zeit, in der sich die Regale und Kisten im Erdkeller leeren. Die Kartoffeln bekommen erste Triebe und zeigen an, dass bald die Zeit kommen wird, sie wieder in die Erde zu legen, um zu wachsen und neue Frucht zu bringen. Im Garten wächst kaum etwas, ein wenig Wintergemüse wie Sprossen- oder Palmkohl kann noch geerntet werden, aber die Sehnsucht nach neuen Pflänzchen und ihren Köstlichkeiten ist schon groß.

In einer solchen Zeit der knappen Vorräte um die Fastenzeit zu wissen, kann erleichtern: denn sie macht darauf aufmerksam, dass weniger oft mehr ist, und lädt dazu ein, sparsam und sorgsam mit dem umzugehen, was vorhanden ist. Vielleicht tut es auch deshalb besonders gut, schon die ersten Schätze der Natur zu ernten: Aus kleinen Brennnesseln gibt es Suppe, die größeren Blätter werden für Tee getrocknet, und auch das Backen von Fastenkrapfen oder später Palmbrezeln ist etwas Besonderes in dieser Zeit.

1
Stein-reich …

2
Eines unserer wühlfreudigen Wollschweine.

3
Palmbrezeln sind eine beliebte Fastenspeise.

4
… besonders am Palmsonntag.

5
Beim Bauen des Schweineunterstands.

40 besondere Tage

War einst die Fastenzeit oft auch so etwas wie eine Notwendigkeit, ist sie heute wohl mehr eine bewusste Entscheidung. Der Winter und die Weihnachtszeit sind meist sehr üppige Zeiten. Dass dann im Frühling 40 Tage dazu auffordern, das zu unterbrechen und sozusagen einen Neuanfang zu setzen, tut gut. Auch wenn sich Jahr für Jahr diese Einladung ergibt, so gestaltet sie sich doch immer völlig unterschiedlich. Manchmal sind es die Wochen vor Ostern, manchmal beschränkt es sich auf einige markante Tage in der Karwoche und ab und an scheint die Fastenzeit nahezu unterzugehen in den alltäglichen Anforderungen.

Was bleibt, ist aber die Einladung – es ist keine Pflicht und kein Druck, sondern viel mehr Ermutigung: Nutze diese Zeit! Überlege, was dir wichtig ist und worauf du verzichten möchtest – vielleicht auch über die Fastenzeit hinaus. Nimm dir Zeit, dir darüber Gedanken zu machen.

In diesen besonderen Wochen versuchen wir, uns als Familie etwas vorzunehmen, das während des Jahres schwerfällt durchzuhalten. Je älter die Kinder werden, umso mehr werden sie miteinbezogen. Mal ist es der Verzicht auf den Schokoladenaufstrich beim Frühstück, mal ist es das grundsätzliche Abschalten des Internets – wenigstens am Wochenende. Es tut gut, als Familie etwas bewusst zu pausieren: Der gemeinsame Verzicht ist ein Stück weit Solidarität miteinander und man rückt (bei allen Reibereien, die wohl zu jeder Familie dazugehören) zusammen.

Es ist erstaunlich, was sich – auch durch nur eine kleine Entscheidung – im Familienalltag verändert: Beim Verzicht auf bestimmte Lebensmittel werden dadurch oft andere, weniger beachtete Speisen mehr wertgeschätzt. Statt einen Film zu sehen, werden Brettspiele hervorgeholt, Bücher gelesen und auch das kreative Schaffen bekommt wieder mehr Raum. Es sind Dinge, die natürlich auch sonst möglich sind, aber dadurch, dass die beinahe selbstverständliche Ablenkung durch virtuelle Angebote wegfällt, rücken sie wieder mehr in den Fokus.

Unterschiedliche Wege

Einige Fixpunkte gibt es für uns am Hof, die sich Jahr für Jahr wiederholen und zu einem kleinen Familienritual geworden sind. Die ganze Fastenzeit über stehen Zweige in einer Vase am Fenster. Sie sind braun und wirken trocken, lediglich die Palmkätzchen leuchten weiß und flauschig. Erst in der Karwoche gebe ich Wasser und manchmal auch ein paar frische Zweige in das Gefäß. Es ist wie ein kleines Wunder, dass sich bis zum Ostersonntag schon das erste Grün und die ein oder andere kleine Knospe zeigen.

> Es ist wie ein kleines Wunder,
> dass sich bis zum Ostersonntag
> schon das erste Grün und die ein oder
> andere kleine Knospe zeigen.

In den Wintermonaten ist es schwierig, zu Fuß unterwegs zu sein, aber wenn der Schnee schmilzt, erwacht auch wieder die Lust am Bewegen in der Natur. Vor allem an den Sonntagen nach dem Essen in der warmen Mittagssonne ein wenig zu wandern, ist wunderbar: mit festem Schuhwerk, manchmal auch mit Gummistiefeln. Das Gehen bringt auch die Gedanken in Bewegung. Als die Kinder noch jünger waren, war dieses Unterwegssein meistens ein kleines Abenteuer voller Pfützen, Matsch und Erkundungstouren durch den Frühlingswald. Je älter die Kinder werden, umso mehr suchen sie ihre eigenen Wege, kommen in kleinen Gruppen ins Gespräch, tauschen sich aus, laufen mit dem Hund voraus oder bleiben auf einer Bank sitzen, während wir Eltern noch ein Stückchen weitergehen. Immer wieder gibt es im Unterwegssein Möglichkeiten, über Dinge zu sprechen, die im Alltag oft untergehen. Manchmal erzählen wir einander, was uns im Moment besonders

beschäftigt – einfach weil es jetzt Zeit und Ruhe gibt, um das zur Sprache zu bringen. Ab und an wird auch heftig diskutiert, und immer wieder sind da auch lange Phasen der Stille, in denen jeder seinen Gedanken nachhängt.

Bleibende Veränderung

Die Fastenzeit mit ihrer Einladung, etwas einmal für wenigstens 40 Tage zu verändern, ist eine hilfreiche Möglichkeit: Ich kann etwas versuchen durchzuhalten und danach kann ich Rückschau halten, was sich durch diese eine bestimmte Entscheidung verändert hat und ob ich das vielleicht sogar beibehalten möchte.

Für uns war das vor vielen Jahren einmal der Versuch, ausschließlich Lebensmittel zu kaufen, deren Herkunft wir nachvollziehen konnten und die unseren Ansprüchen im Blick auf ökologische Gesichtspunkte standhielten: Wir wollten Schöpfungsverantwortung leben.

Das war anfangs wirklich eine Herausforderung, denn viele zuvor vertraute Produkte wanderten nun nicht mehr in den Einkaufswagen. Wir sahen uns mit Themen konfrontiert, über die wir uns zuvor offenbar nur wenige Gedanken gemacht hatten. Für uns war dieses eine Vorhaben in der Fastenzeit ein Wendepunkt, der zu einer bleibenden Veränderung führte: Unser Einkaufsverhalten ist seitdem ein anderes, und ich denke, dass auch die Entscheidung, unseren Hof selbst zu führen – und dies bewusst als zertifizierter Biobetrieb –, davon beeinflusst wurde.

Der Frühling in den Bergen.

Fastenküche

Besondere Zeiten bringen besondere Speisen mit sich. Für uns sind das die Fasten-krapfen. Natürlich schmecken sie das ganze Jahr über, aber in einer Zeit, in der die Speisen sonst etwas schlichter sind und auch Süßes seltener einen Platz hat (schließlich ist die Faschingszeit gerade vorüber), tut es gut, wenn es trotzdem auch mal etwas Besonderes gibt.

Fastenkrapfen

(ergibt ca. 20 Krapfen)
500 g Weizen- oder
  Dinkelmehl
1 Prise Salz
½ Würfel Hefe
200 g zerlassene Butter
250 ml warme Milch
1 TL Anis
ggf. 1 Stamperl Alkohol
  (Rum, Wodka o. Ä.)
Öl oder Schmalz zum
  Ausbacken

Zutaten miteinander vermengen und gut kneten, an-schließend mindestens eine Stunde rasten lassen. Dann den Teig ca. 2 cm dick ausrollen und Kreise ausstechen oder aus kleinen Teigstücken Fladen formen und in heißem Fett ausbacken. (Hinzugefügter Alkohol ver-flüchtigt sich durch das Erhitzen.) Wenn die Unterseite leicht gebräunt ist, die Krapfen umdrehen. Schließlich aus dem Fett herausnehmen und abtropfen lassen. Am besten schmeckt es natürlich frisch, das Hefeteiggebäck kann aber auch am nächsten und übernächsten Tag genossen oder eingefroren werden.

Tipp: Fastenkrapfen sind nicht nur süß, mit etwas Staubzucker bestreut ein Genuss. Sie schmecken auch mit Sauerkraut und passen gut zu einer Gemüsesuppe.

Sicher, je älter die Kinder werden, umso herausfordernder wird es, die Ziele und Prioritäten, die wir Eltern uns gesetzt haben, konsequent zu verfolgen. Es gibt Einflüsse außerhalb unseres Zuhauses, die die Kinder locken und ihnen auch Welten eröffnen, die sie hier am Hof nicht erleben. Anfangs spürte ich in mir Widerstand, wenn die Kinder beim Einkaufen dieses und jenes in den Einkaufswagen wandern lassen wollten mit der Begründung, dies bei ihren Mitschülern gesehen zu haben. Es war eine langsame Entwicklung, für die ich einfach auch ein wenig Zeit brauchte: Ich musste für mich erkennen, dass es wichtig war, meine Kinder auch mal etwas versuchen zu lassen, für das ich mich nicht begeistern kann. Es ist auch heute noch so, dass wir Dinge zu Hause haben, die ein Widerspruch zu unseren Überzeugungen zu sein scheinen. Aber gleichzeitig sind es Anlässe, darüber nachzudenken, *warum* wir bestimmte Entscheidungen treffen. Wir kommen ins Gespräch mit unseren Kindern und erklären die Hintergründe unserer Entscheidungen. Sie verstehen, dass Lebensmittel wertvoll sind und damit auch ein gewisser Preis einhergeht. Denn sie wissen aus eigener Erfahrung, wie viel Arbeit und Bemühen hinter einer Ernte steckt. Sie wissen, dass eigentlich kein Apfel dem anderen gleicht – und sind verwundert, dass es im Handel aber offensichtlich sehr um Einheitlichkeit der Nahrungsmittel geht.

Bewusste Entscheidung

Wir verwenden einen beträchtlichen Teil unseres Einkommens für Lebensmittel. Nicht nur weil wir eine etwas größere Familie sind. Es ist uns wichtig geworden – ausgehend von dem einen Vorhaben in der Fastenzeit. Technisch sind wir vielleicht nicht auf dem höchsten Stand und auch modisch ist sicher einiges ausbaufähig. Wir sind aber überzeugt davon, dass das, was wir zu uns nehmen, für uns mehr Bedeutung hat als Äußeres. Denn ein Einkauf ist für uns auch ein Stück weit Handlungsvermögen: Jeder Einzelne kann eine Entscheidung treffen. Das ist vielleicht das Wichtigste, das wir dabei unseren Kindern mitgeben: Entscheidungen zu treffen bedeutet, auch an Konsequenzen zu denken.

Farbe bekennen

Das Vorbereiten des Korbes mit den Gaben für die Speisen-Segnung ist mittlerweile ein vertrautes Ritual, das ich aus der Stadt so nicht kannte. Unzählige Menschen aus dem Dorf versammeln sich am Karsamstag vor der Kirche und bringen ihre mit Speisen gefüllten Körbe mit bestickten Decken mit.
Es ist etwas von den Dingen, die ich erst im Laufe der Jahre neu für mich entdeckte: das Handarbeiten. Das Tuch für den Osterkorb ist das Erste, das ich hier mit eigenen Händen gestaltete, und ich staunte nicht schlecht, als ich im Handarbeitsgeschäft gefragt wurde, woher ich käme, denn in den unterschiedlichen Regionen würde mit jeweils anderen Rot- oder Violett-Tönen gestickt.
Sicher, es gibt Wichtigeres als die Farbe des Stickgarns, aber es zeigt, wie wertvoll dieser Brauch im Lauf

> Der Glaube verbindet uns alle am Kirchplatz bei der Speisenweihe und macht erlebbar, wie wertvoll und wichtig es ist, Bräuche und Traditionen miteinander zu gestalten.

der Jahrzehnte oder gar Jahrhunderte hier geworden ist – eine kleine Tradition, die aber auch uns ans Herz gewachsen ist. Ein wenig auch, weil es Verbundenheit mit den anderen Menschen in der Gemeinde spürbar macht. Auch wenn jeder den Glauben anders lebt: Der Glaube verbindet uns alle am Kirchplatz bei der Speisenweihe und macht erlebbar, wie wertvoll und wichtig es ist, Bräuche und Traditionen miteinander zu gestalten.

Vertrauensübung

Auch wenn es vielleicht in der Entscheidungsfindung leichter wäre, so ist es doch ein Segen, dass man nicht in die Zukunft blicken kann. Als wir den Entschluss fassten, hierher zu ziehen, war das ganz spontan. Wir hatten keine Sorge, dass wir das nicht schaffen könnten. Obwohl wir keine Ahnung von Renovierungsarbeiten hatten und auch nicht an das Leben in der Abgeschiedenheit eines engen Tales gewöhnt waren. Ganz ähnlich verhielt es sich mit unserem Plan Jahre später, die Landwirtschaft selbst in Angriff zu nehmen. Unser Wissen gründete damals auf einigen Büchern, etlichen filmischen Dokumentationen und Gesprächen mit Bauern der Umgebung. Es waren Gedanken der Vorfreude, die uns zu diesem Schritt motivierten. Wir ahnten zwar, dass viel Arbeit auf uns zukommen würde, aber wir waren optimistisch. Die Momente, in denen uns große Zweifel kamen, waren dann erst viel später – zu einem Zeitpunkt, an dem es schwierig war, wieder alles rückgängig zu machen – und so suchten wir nach Wegen, wie wir weiterkommen könnten. Wir hatten das große Glück, immer wieder auf ermutigende und wohlwollende Menschen zu treffen,

die uns ein Stück auf unserem nicht immer ganz einfachen Weg begleiteten.

Freigeschnitten

Eine ganz wesentliche Erfahrung war das Schneiden von jahrzehntealtem Staudenwerk in unserem kleinen Wäldchen. Zur Zeit meiner Großeltern war dieser Bereich eine kleine, schattige Sommerweide gewesen – jetzt war sie verwildert und zugewachsen. Auch wenn das wohlmöglich ein Paradies für so manche Wildtiere war, wollten wir dieses Fleckchen wieder nutzen können und unseren Schafen, die keine Chance hatten, durch das Dickicht zu kommen, ein ruhiges Plätzchen vor allem für die heißen Sommermonate bereiten. Das wirklich umzusetzen, war so etwas wie ein Sichtbarmachen (vor allem für uns selbst) und Bestätigen: Ja, wir werden diesen Weg tatsächlich gehen.

1
Der Korb für die Speisen-Segnung.

2
Das selbstbestickte Tuch ist mit einem Christusmonogramm verziert.

3
Staunen können wie ein Kind: Die Natur ist ein Wunder.

4
In der Anfangszeit beim Freischneiden des Wäldchens.

In jenem Frühling lag kein Schnee, den ganzen Winter über war kaum eine Flocke gefallen. Es war trocken und ein kalter Wind wehte durch das Tal. Wir packten unsere Mädchen in warme Kleidung und warteten den Mittagsschlaf unseres Jüngsten ab, legten ihn in den Kinderwagen und gingen gemeinsam zum Wäldchen. Die Mädchen spielten im Dickicht, der Kinderwagen stand an einem sicheren, sonnigen Plätzchen in Sicht- und Hörweite, mein Mann schnitt die Äste und ich zog sie aus dem Wald heraus auf einen großen Haufen. So arbeiteten wir Tag für Tag, bis alles „aufgeräumt" war. Rückblickend kann ich es kaum fassen, dass wir das alles händisch und ohne große Maschinen geschafft haben. Aber zum damaligen Zeitpunkt konzentrierten wir uns einfach nur auf das, was zu erledigen war. Wir waren glücklich, etwas weiterzubringen, auch wenn das viel Arbeit bedeutete.

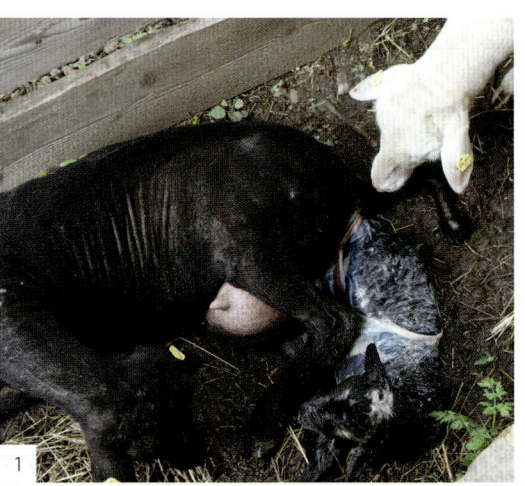

1
Ein Lämmchen wird geboren. Die Fruchtblase ist noch gut zu sehen.

2
Kaum auf der Welt, steht es schon auf eigenen Beinen.

Ein wenig ist es auch heute noch so, obwohl wir mittlerweile auch schon auf die tatkräftige Hilfe unserer Kinder zählen können. Sicher sind Überlegen und Nachdenken wichtig – aber es zählt auch das Anpacken und Umsetzen. Immer wieder wurden wir gefragt, ob wir nicht Angst hatten und haben bei all dem. Diese Frage ist leicht zu beantworten: Nein. Ein

> Sicher sind Überlegen und Nachdenken wichtig – aber es zählt auch das Anpacken und Umsetzen.

mulmiges Gefühl haben wir ab und an schon. Aber im tiefen Inneren ist da Zuversicht. Einfach weil wir im Augenblick leben und nicht zu weit nach vorne planen. Schritt für Schritt, eines nach dem anderen. Wir treffen Entscheidungen nicht leichtfertig und üben uns im Vertrauen darauf, dass da einer ist, der es gut mit uns meint. Es ist eine Herausforderung, Dinge so anzugehen – aber unser Leben bisher lässt uns denken, dass es auch nicht ganz verkehrt sein kann. Vertrauen braucht Zuversicht und auch ein bisschen Mut, Neues zu wagen.

Neues Leben

Wenn die ersten Krokusse die Felder mit weißen und violetten Teppichen überziehen, dauert es meist nicht lange und die Schafe wagen sich weiter weg vom Stallgebäude und erkunden wieder von Neuem die Felder ringsum. Die Blüten der Krokusse scheinen eine Delikatesse zu sein – allerdings verbunden mit einem kleinen Risiko: Gerade die jungen Lämmchen schnuppern gerne an den Blüten und erschrecken, wenn dort Bienen summen. Es ist ein Geschenk, wenn neues Leben hier am Hof spürbar wird. Die Geburt von Lämmchen oder das Schlüpfen von Küken ist dabei etwas ganz Besonderes.

Zuversichtliche Hoffnung

Der Frühling ist eine Zeit, die Demut lehrt und immer wieder spürbar macht, wie abhängig wir Menschen von der Natur sind – nicht umgekehrt! Herrlich warme Frühlingsnachmittage lassen es in den Fingern kribbeln, und die Vorfreude auf die Gartenarbeit steigt. Doch nicht nur hier oben in den Bergen ist es wichtig, geduldig zu bleiben. In der Natur hat alles seine Zeit – Frostnächte, kalte Frühlingsstürme und starke Windböen erschweren das Wachsen von kleinen Pflänzchen. Im Gewächshaus kann langsam mit der Gartenarbeit begonnen werden, draußen aber braucht es noch Zeit, bis die ersten Knospen aufbrechen und die wärmeren Tage nahen.

Karwochenbegleiter

Nicht nur in der Karwoche tut es gut, wirklich mit eigenen Augen zu sehen, wie aus etwas scheinbar Leblosem neues Leben erwächst. Ein Samenkorn, das in die Erde gelegt wird und langsam zu keimen beginnt, ist ein wertvolles Symbol für Zuversicht und Hoffnung. So kann am Palmsonntag Kresse in mit Watte gefüllte halbe Eierschalen gelegt werden. In den nächsten Tagen ist es wichtig, die Samen immer wieder leicht anzufeuchten. Zu Ostern kann dann die frisch gewachsene Kresse direkt geerntet und zur Jause genossen werden.

Wer etwas geduldiger ist und zudem Freude an bunten Blüten hat, kann am Beginn der Fastenzeit Samen der Kapuzinerkresse in die Erde legen (z. B. in ein Blumenkistchen oder einen Blumentopf am Fensterbrett). Bis Ostern gibt es dann die ersten Blätter und vielleicht sogar Blüten – beides kann gegessen werden: Blätter und Blüten zum Salat geben oder aufs Butterbrot legen und genießen.

Für die Kinder ist es ein ganz natürliches und beinahe selbstverständliches In-Berührung-Kommen mit der Schöpfung. Für sie ist die Geburt nichts Fremdes oder Abstraktes, sondern etwas, das sie auch sehen dürfen. Sie begegnen dem Geschehen mit Ehrfurcht und wissen, wie wichtig es ist, das Muttertier nicht zu stören. Ganz leise, einander zur Ruhe ermahnend stehen sie mit einigem Abstand zum Muttertier und beobachten, wie langsam das Lamm geboren wird. Es ist ein Geschenk, diesem Wunder der Natur ganz nahe sein zu

> Es ist ein Geschenk, diesem Wunder der Natur ganz nahe sein zu dürfen.

dürfen. Das Muttertier schleckt das Lämmchen nach der Geburt sofort ab, bringt damit den Kreislauf in Schwung und knabbert die Fruchtblase ab, sodass das Lamm aufstehen und auch gut atmen kann. Nach einiger Zeit unternimmt das kleine Tier schon die ersten Versuche aufzustehen und sucht nach dem Euter der Mutter, um die erste Milch – das Wichtigste für das frisch geborene Tier – trinken zu können.

Ernste Fragen

Leider läuft nicht immer alles so harmonisch ab. Manchmal regt sich das Lämmchen nicht, ab und an verstößt das Muttertier ein scheinbar gesundes Lamm oder es gibt Probleme bei der Geburt. Auch das ist eine Erfahrung, die wir hier machen: Das Leben ist nicht immer einfach und steckt voller Herausforderungen. Viele Tränen haben die Kinder schon vergossen, weil ein Jungtier bei oder kurz nach der Geburt verstarb. Unzählige Lämmchen haben sie mit Fläschchen großgezogen, weil das Muttertier bei der Geburt verstorben war oder das Junge einfach nicht „angenommen" hatte. So schön und spaßreich es für die Kinder ist, ein Tier mit der Flasche großzuziehen, so schmerzhaft ist für sie doch auch die Erfahrung, dass eine Mutter ihr Kind nicht annehmen möchte. Sie legen das sehr oft auf uns Menschen um. „Gibt es das auch beim Men-

schen, dass die Mutter ihr Kind nicht haben will?" – das sind ganz klare Fragen, die man nicht mit Floskeln abtun kann.

Es ist wichtig, dass Kinder auch die Schattenseiten des Lebens kennenlernen. Aber – und das erscheint wohl noch wichtiger zu sein – es gibt immer wieder auch Wege, damit umzugehen. Es tut gut, einem Lämmchen durch das regelmäßige Füttern mit der Flasche ein Stück Geborgenheit zu geben. Es freut die Kinder, wenn das Lämmchen schon auf sie zugelaufen kommt, wenn es nur ihre Stimmen hört. Noch bevor sich die Kinder auf den Weg zur Schule machen, bereiten sie das Fläschchen vor und schlüpfen in die Stallkleidung: Das Lämmchen braucht schließlich ein Frühstück! Der erste Weg nach der Schule führt dann wieder in den Stall oder auf die Weide, um dem Tier die nächste Portion Milch und vor allem Streicheleinheiten zukommen zu lassen. Auch als ausgewachsene Tiere sind diese Schafe dann oft besonders zutraulich und lassen sich streicheln – etwas, das die anderen Artgenossen nicht immer so gerne mit sich machen lassen.

Abschied nehmen

Vor einigen Jahren waren ein Ziegenkitz und ein Lämmchen verstoßen worden und gingen in die Obhut unserer Kinder über. Vor allem unsere Zwillingsmädchen widmeten sich dieser Aufgabe. Morgens liefen sie oft noch vor dem Frühstück auf die Weide zu ihren Tieren. Es kam immer mal wieder vor, dass sie sie im hohen Gras nicht gleich entdeckten. Sie waren dann überglücklich, wenn sie die kleinen Tiere irgendwo noch tief schlafend finden konnten. Aber eines Tages war ein Lämmchen verschwunden. Die Verzweiflung war groß, und schließlich waren wir alle frühmorgens noch vor dem Frühstück im kalten Nebel des Frühlings auf der Weide und riefen nach dem Lämmchen. Schließlich fand eines unserer Mädchen das kleine Tier, das – vermutlich weil ihm der Schutz des Muttertieres

fehlte – wohl einem Fuchs zum Opfer gefallen war. Es war kein schöner Anblick und die Traurigkeit war groß. Noch Monate später sprachen die Kinder miteinander darüber und trauerten um das kleine Lamm.

Rituale finden

Es ist wichtig, dass die Kinder Wege für sich finden, um Abschied zu nehmen. Wenn ein kleines Tier stirbt, begraben sie es mit vielen Vorbereitungen. Während sie mithilfe ihres Papas nach einer geeigneten Stelle suchen und helfen, das Grab zu schaufeln, ist es für sie auch von großer Bedeutung, Blumen zu pflücken, besonders schöne Steine zu suchen und auch aus Holzstöcken ein Kreuz zu basteln. Wenn das Tier dann begraben wird, schmücken sie das Grab, singen Lieder und gestalten ein eigenes Begräbnis. Wir Erwachsenen lassen sie gewähren und vertrauen darauf, dass die Kinder wissen und spüren, was sie im Moment brauchen und was ihnen für den Abschied guttut. Auch nach Jahren wissen sie noch ganz genau, an welcher Stelle welches Tier begraben wurde: ob ein Lämmchen, Küken, Meerschweinchen oder ein aus dem Nest gefallener Vogel, den sie im Wald gefunden hatten. Für sie ist es wichtig, bewusst Abschied zu nehmen.

> Noch bevor sich die Kinder auf den Weg zur Schule machen, bereiten sie das Fläschchen vor und schlüpfen in die Stallkleidung: Das Lämmchen braucht schließlich ein Frühstück!

1

2

3

4

1
Gleich nach dem Aufstehen bekommen die Lämmchen ihr Frühstück.

2
Kinder und Tierkinder – ein Herz und eine Seele.

3
Und immer wieder gibt es Nachschlag.

4
Das Ziegenkitz lässt sich noch hochnehmen.

Gerade im Frühling, wenn alles zu neuem Leben erwacht, scheint das eine sehr gegensätzliche Erfahrung zu sein: der Tod. Mitten im Leben kommt es plötzlich ganz anders als gedacht und erhofft. Das ist letztlich eine Erfahrung, die wohl jeder Mensch kennt.

Im Blick auf Ostern und die Karwoche ist es ein Geschenk, beides so klar kennenlernen und erleben zu dürfen: das Wunder des Lebens und die Traurigkeit über den Tod und das Ende von dem, was wir hier auf Erden kennen. Und zu erkennen, dass beides Raum und Zeit braucht, um gewürdigt zu werden.

> Mitten im Leben kommt es plötzlich ganz anders als gedacht und erhofft. Das ist letztlich eine Erfahrung, die wohl jeder Mensch kennt.

Schwere Entscheidungen

In den ersten Jahren hier am Hof war mein Vater ein häufiger Gast. Er war erst wenige Jahre pensioniert und freute sich, uns unterstützen zu können. Vorwiegend übernahm er Holzarbeiten, aber auch die Enkelkinder kamen nicht zu kurz. Mit der Zeit aber stellten wir Veränderungen an ihm fest, und es sollte ein langer, schwerer Weg werden, bis zu einer Erklärung für sein oft merkwürdiges Verhalten. Eine seltene neurologische Erkrankung schränkte ihn körperlich zunehmend ein. Es war ein stilles Abkommen, das mein Vater mit meinem Mann schloss: Wenn es einmal „so weit" sein würde, wollte er zu uns auf den Hof kommen und mein Mann würde ihn pflegen – eine Entlastung für meine Mutter und die Hoffnung, trotz allem einen guten Abschied vom Leben gestalten zu können.

Rückblickend ist es kaum fassbar, dass wir das tatsächlich umsetzten – mitten in den landwirtschaftlichen Anfängen und mit vier kleinen Kindern. Es waren schwierige Monate, in denen wir alle an unsere Grenzen stießen. Vor allem die Unruhe in der Nacht war eine Herausforderung. Wir versuchten, soweit es möglich war, mit meinem Vater ins Gespräch zu kommen. Er konnte sich kaum äußern, und so war es schwierig zu erkennen, ob er verstand, was wir sagten, und ob wir seine Laute und Gesten richtig deuteten.

Die Kinder begegneten ihm vorbehaltlos. Sie verkleideten ihn, wenn sie sich verkleideten. Sie gaben ihm einen Stift in die Hand, wenn sie malten. Sie lasen ihm Geschichten vor und sie lachten, wenn er seltsame Geräusche machte. Wir hatten das Gefühl, dass sich mein Vater bei uns wohl fühlte. Aber wir hatten keine Kraft mehr und es war eine schmerzliche Entscheidung, ihm Pflege in einer professionellen Einrichtung zu vermitteln.

Es dauerte Wochen, bis wir uns erholten. Jeder Besuch bei meinem Vater im Pflegeheim zeigte uns, dass die fortschreitende Erkrankung kaum für uns zu Hause händelbar gewesen wäre. Und doch war da tief im Herzen Wehmut.

Ostern

Als mein Vater starb, war er sehr verändert. Körperlich vor allem. Aber ich erinnere mich an seine Hände, die – auch wenn sie immer dünner wurden – die gleichen blieben. Ich weiß, dass ich als Kind die Flecken auf seinem Handrücken gezählt und den Ehering am Finger gedreht hatte. Meistens saßen wir dabei

> Dieser Moment ist kostbar in meiner Erinnerung, ähnlich den Sonnenstrahlen, die das Tal an jenem Ostersonntag in ein golden schimmerndes Licht tauchten.

auf dem Schaukelstuhl und er döste. Bei einem unserer letzten Besuche im Pflegeheim saß unsere älteste Tochter bei ihm am Bett und hielt seine Hand. Als ich entdeckte, dass sie an seinem Ehering drehte und seine Flecken zählte, musste ich lächeln.

Dieser Moment ist kostbar in meiner Erinnerung, ähnlich den Sonnenstrahlen, die das Tal an jenem Ostersonntag in ein golden schimmerndes Licht tauchten, als wir die Nachricht von seinem Tod erhielten.

Farbenpracht

In der Natur gibt es immer wieder erstaunliche Muster und Farben zu entdecken. Die Frühblüher und auch die ersten Insekten und Schmetterlinge, die sich auf den Blumen niederlassen, laden mit ihren vielfältigen Farbschattierungen und Formen dazu ein, sich inspirieren zu lassen.

Mit Materialien aus der Natur kann man vieles selbst kreativ gestalten: So lässt sich mit Löwenzahnblüten, Rindenstücken oder Grashalmen wunderbar malen. Einige Pflanzenteile können zum Färben von Wolle, Stoff und Papier verwendet werden. Und auch für Ostereier eignen sich Naturfarben ganz wunderbar.

Natürlich gefärbte und verzierte Ostereier

Zwiebelschalen
10 Eier
Kräuter, Blüten o. Ä.
Nylonstrumpf oder
  ein Stück Gaze
Bindfaden

Zwei Hände voller Zwiebelschalen in ca. 2 Liter Wasser aufkochen lassen. Währenddessen die Eier etwas anfeuchten und Kräuter, Blüten oder kleine Grashalme darauflegen. Nylonstrumpf oder Gaze fest herumlegen und mit einem Band zubinden. Anschließend die Eier ca. 10 Minuten im Zwiebelbad kochen. Dann die Eier herausnehmen, aus dem Strumpf lösen, die Kräuter abnehmen und trocknen lassen.

Zuversicht wachsen lassen

Vor einigen Jahren gab es eine Osternacht, in der Schnee fiel. Nicht etwa in leichten Flocken, sondern dicht und nass, sodass die Straßen gefährlich rutschig waren und man bei der Fahrt zum Osternachtsgottesdienst Schneeketten anlegen musste. Es war ein eindrückliches Fest und fühlte sich ein wenig wie Weihnachten an. Fast schon wollte man sich „Frohe Weihnachten" wünschen, weil alles ringsum ein solch festliches Winterwunderland war, und immer noch machen wir im Frühling bei schlechter Wetterlage Scherze, ob es wohl wieder „weiße Ostern" geben könnte.

Wertvolle Wolle

Rund um das Osterfest ist auch jene Zeit, in der die Schafe von ihrem dichten Winterfell befreit werden. In den ersten Jahren schlossen wir uns einem Nachbarn an und konnten unsere wenigen Schafe mitscheren lassen. Irgendwann wurden wir dann aber wagemutig und wollten das Scheren selbst übernehmen. Wenn ich heute daran zurückdenke, muss ich schmunzeln: das arme erste Schaf, das sich meine Scher-Versuche gefallen lassen musste … Ein Glück, dass es ein so geduldiges Tier war! Fast eine Stunde verbrachte ich damit, es von seiner Wolle zu befreien. Ich war unsicher, wie tief ich mit dem Schermesser in die Wolle hineinfahren musste, um das Tier einerseits nicht zu verletzen und es andererseits auch wirklich von seinem Fell zu befreien. Ich war schweißgebadet nach dem Scheren und trotzdem sah das Schaf kläglich aus: von regelmäßiger Rasur keine Spur! Trotzdem hielten wir durch und wurden immer schneller mit dem Sche-

1

Unsere Herde noch im dichten Winterwollkleid.

2

Die Krainer Steinschafe sind eine geduldige und genügsame Rasse.

3

Ein Feuersalamander, den wir in der Nähe unseres Hofs entdeckten.

ren – nicht vergleichbar mit einem Profi, aber doch einigermaßen zufriedenstellend. Mittlerweile haben wir aber so viele Schafe, dass wir mehr als dankbar sind, wenn der Schafscherer zu uns auf den Hof kommt und unseren Tieren einen Haarschnitt für die wärmere Jahreszeit verpasst.

Ich war schweißgebadet nach dem Scheren und trotzdem sah das Schaf kläglich aus: von regelmäßiger Rasur keine Spur!

Die Schafwolle sammeln wir und nutzen sie als Dünger und Feuchtigkeitsspeicher im Garten und in den Blumenkästen am Balkon. Immer wieder entdecken wir auch, dass Vögel sich ein wenig von der flaumigen Wolle aus der Erde zupfen und damit ihre Nester polstern.

Besuch vom Osterhasen

Auch wenn wir dem „Osterhasen" nicht viel Aufmerksamkeit zukommen lassen, so hat er auf unserem Hof doch auch einen Platz. Nicht zuletzt, weil einmal wirklich ein großer Feldhase am Platz vor dem Stall saß und sich einige Minuten von uns beobachten ließ, bevor er in wilden Haken wieder im Dickicht verschwand. Ein „richtiger" Osterhase war uns auch schon auf der Straße begegnet: Jemand mit einem Hasenkostüm und einem Korb am Rücken fuhr mit seinem Moped auf einem Feldweg – sehr zur Freude (nicht nur) der Kinder! Das sind vielleicht die beiden prägendsten Bilder zum Osterhasen, die unsere Kinder haben. Sie freuen sich, dass sie am Ostersonntagmorgen auf der Suche nach einer kleinen Osterüberraschung durch den Garten und

die Felder wandern können. In einem kleinen Stoffsäckchen finden sich ein paar Süßigkeiten – ein kleiner Brauch, der jedes Jahr Freude bereitet. Vor allem, da die Kinder auch Spaß dabei finden, für uns Eltern etwas zu verstecken und sozusagen selbst „Osterhase" zu sein.

Auch ich habe als Kind am Ostermorgen nach kleinen Überraschungen gesucht. Was ich dabei bekommen

Manchmal sind es die kleinsten Bräuche, die Erinnerungen schaffen und vielleicht auch so über Generationen weitergegeben werden.

habe, weiß ich nicht mehr – aber ich erinnere mich an das Unterwegssein und Ausschau halten, ob ich ringsum etwas entdecken kann. Manchmal sind es die kleinsten Bräuche, die Erinnerungen schaffen und vielleicht auch so über Generationen weitergegeben werden. Da ist dann gar nicht mal so wichtig, wer hinter dem kleinen Geschenk steht – ob der Osterhase oder jemand aus der Familie.

Muttertagswunder

Eines unserer Mädchen hatte sich lange eine Schildkröte gewünscht und diese auch bekommen. Nur leider kam sie durch ein Missgeschick abhanden. Der Käfig im Freien war beim Grasmähen an eine andere Stelle geschoben worden und die Schildkröte hatte eine kleine Einbuchtung in der Erde und damit einen Weg ins Freie gefunden. Der Schreck war groß und alles Suchen blieb erfolglos. Auch wenn bald eine neue Schildkröte ein Zuhause bei uns fand, so blieb doch die Frage, was mit „Schildi" passiert war. Der Frühling verging und bis zum Winter hatten wir das kleine Tier nicht wieder gefunden. Dass eine Schildkröte Schnee und Frost hier in den Bergen überstehen würde, wagten wir nicht zu glauben. Und doch sprachen wir immer wieder darüber, wie schön es wäre, die Schildkröte vielleicht einmal in einigen Jahren wiederzufinden.

Auch wenn das nie so richtig vereinbart wurde, ist es so, dass ich mir am Muttertag etwas wünschen darf. Die Kinder backen Kuchen, bereiten oft auch kleine Geschenke und Briefe vor, aber das, was ich mir Jahr für Jahr wünsche, ist ein gemeinsamer Spaziergang. Einer, bei dem ich bestimme, wo es hingeht, und keiner sich darüber beschweren darf.

> Dass es der aufregendste Spaziergang, den wir bis dahin je gemeinsam erlebt hatten, werden sollte, wusste zu diesem Zeitpunkt noch niemand.

An diesem besagten Muttertag machten wir uns also nach dem Mittagessen auf den Weg. Ich wusste, dass die Kinder nur mäßig begeistert waren, aber mir diese Freude am gemeinsamen Wandern auch lassen wollten. Dass es der aufregendste Spaziergang, den wir bis dahin je gemeinsam erlebt hatten, werden sollte, wusste zu diesem Zeitpunkt noch niemand. Es war ein kalter, nasser Mai-Sonntag und wir nutzten ein kleines Sonnenfenster in den frühen Nachmittagsstunden aus. Ich wünschte mir für den Spaziergang eine Route, die zwischen Steinmauern entlang der Felder führte. Wir waren noch nicht lange unterwegs, da ertönte ein erstaunter Jubelschrei. „Schildi!!!", rief eines unserer Mädchen.

Das ist unser Familien-Muttertagswunder. Tatsächlich war die kleine Schildkröte nach ziemlich genau einem Jahr ausgerechnet auf unserer Route zu dem Zeitpunkt unterwegs, als wir dort entlanggingen. Ein richtiges Wunder!

Ich denke oft an dieses Erlebnis. Vor allem dann, wenn ich nicht wage zu vertrauen, dass etwas wieder gut wird. In jedem Leben passieren Fehler, manchmal auch völlig unbedacht. Nicht oft lässt sich etwas rückgängig machen. Viel häufiger braucht es Lösungen, um trotz eines Missgeschickes weiterzukommen. Zu erleben, dass trotz allem immer wieder auch kleine Wunder geschehen, stärkt die Zuversicht: Denn letztlich ist nichts unmöglich.

Lebensspuren

Wenn es langsam wärmer wird, gibt es ab und an heftige Frühlingsgewitter. Dunkle Wolken ziehen auf und das Echo des dumpfen Donnergrollens zwischen den Bergen ist nicht nur für die Kinder unheimlich. Grelle Blitze zucken am Himmel und ich beeile mich, die Wäsche schnell von der Leine zu nehmen und die Fenster zu schließen, während schon die ersten dicken Tropfen fallen.

Ich schaue den Wolken nach, die der Wind durch das Tal treibt. Und beobachte die dicken, schweren Tropfen, die gegen die Fensterscheiben klopfen. Jeder Regentropfen hinterlässt in seinem Abperlen eine sanfte Spur auf der Scheibe – und vielleicht ist das auch so mit all unseren Erfahrungen im Leben. Sie hinterlassen Spuren, manche verblassen, andere prägen sich tief ein. Bewusst wird das oft erst in einem Moment der Stille. Ich mag es, am Fenster zu stehen und das Gewitter zu beobachten. Bei diesem Wetter zieht man sich zurück, sucht Schutz und – lernt zu warten.

Das ist es, was mich der Frühling hier besonders lehrt: Alles hat seine Zeit.

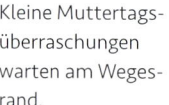

Kleine Muttertagsüberraschungen warten am Wegesrand.

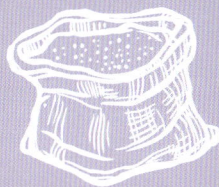

Gedanken-Zeit

Der Frühling ist eine Einladung, sich von der Natur leiten zu lassen und langsam – Schritt für Schritt – der wärmeren Jahreszeit entgegenzugehen. Mit viel Zeit zum Staunen und Beobachten der Natur, zum Entdecken von kleinen Frühlingsboten und mit zuversichtlicher Hoffnung im Blick auf das Kommende: Was wünsche ich mir für dieses neue Jahr voller Wachstum und Buntheit? Was ist mir wichtig? Wofür möchte ich meine Lebenszeit einsetzen? Der Frühling lädt dazu ein, das eigene Leben etwas zu sortieren und sich Zeit für Gedanken zu nehmen, die sonst vielleicht im Trubel des Alltags untergehen.

Rhabarber-Honig-Kuchen

180 g Butter
1 Pck. Vanillezucker
Prise Salz und Zimt
3 Eier
200 ml Milch
3 EL Honig
100 g gemahlene Nüsse
230 g Mehl
1 Pck. Backpulver
500 g Rhabarber
Zucker zum Bestreuen

Den Rhabarber schälen und in Stücke schneiden. Butter mit Vanillezucker, einer kleinen Prise Salz und Zimt cremig rühren, Eier nach und nach zugeben. Milch mit Honig verrühren und gemeinsam mit Nüssen, Backpulver und Mehl untermischen. Den Teig in eine ausgefettete Ringform geben, mit Rhabarberstücken dicht belegen und mit etwas Zucker bestreuen. Bei ca. 160 °C für 30–40 min goldbraun backen.

Tipp: Besonders lecker schmeckt der Kuchen frisch mit etwas geschlagener Sahne. Für ein erfrischendes Sommerfrühstück den Kuchen abends backen, mit einem Tuch abdecken und morgens genießen.

Glücksfund

Der erste Frühling hier am Hof war jener, in dem wir nach einem schneereichen und bitterkalten Winter ein Heizsystem im Haus einbauten und uns über die angenehme Wärme und vor allem fließendes Warmwasser freuten. Der zweite Frühling war jener, in dem

Der zweite Frühling war jener, in dem ich zum ersten Mal in meinem Leben einen vierblättrigen Klee am Wegrand entdeckte und dann innerhalb kurzer Zeit einen zweiten.

ich zum ersten Mal in meinem Leben einen vierblättrigen Klee am Wegrand entdeckte und dann innerhalb kurzer Zeit einen zweiten. Ich konnte es nicht fassen – fast dreißig Jahre meines Lebens hatte ich immer wieder danach gesucht und nie einen gefunden. Jedes Mal war jemand anderer schneller gewesen im Entdecken des Glücksbringers. Dieser Frühling war jener, in dem mir der Arzt einige Wochen später mitteilte, dass wir Zwillinge erwarteten – doppeltes Glück!

Im dritten Frühling wuchs in uns die Idee, irgendwann den Hof selbst zu bewirtschaften, und im vierten Frühling verwarfen wir diese Idee wieder, als unser jüngstes Kind in meinem Bauch heranwuchs. Im fünften Frühling hatten wir schon Hühner und zwei Ziegen und im sechsten standen wir am Feldrand und schauderten voller Vorfreude bei der Vorstellung, ab jetzt wirklich „Bauer und Bäuerin" zu sein.

Kompromisse

Unser Hof ist kein „Guss im Ganzen", sondern vielmehr reihen sich Stück für Stück Erfahrungen und Ideen aneinander. Das Haus ist glücklicherweise recht groß, aber bei den Renovierungsarbeiten stellten wir schnell fest, dass früher

wohl andere Prioritäten galten. Wir wünschten uns helle, offene Räume – und fanden düstere, dunkle Zimmer mit niedrigen Decken und recht kleinen Fenstern. Das wollten wir verändern – und in manchen Teilen des Hauses gelang das. Aber es gibt auch die kleinen, etwas düsteren Ecken – Geschichte des Hauses eben. Beim Stallgebäude war es ähnlich – und Generationen vor uns musste es wohl schon so ergangen sein. Denn immer wieder wurde offensichtlich etwas dazugebaut, ergänzt, verändert, den Bedürfnissen angepasst. Auch wir hämmerten so manches Vordach, umzäunten einen Bereich für die Hühner und versuchten, alles so gut wie möglich in Schuss zu halten.

Geborgenheit

Jeder Frühling hier ist anders, keiner gleicht dem anderen. Wenn ich zurückblicke auf mehr als zehn Frühlinge hier am Hof, glaube ich, mit den Jahren demütiger geworden zu sein. Geduldiger und ja, auch zuversichtlicher. Ich bin dem Leben in all seiner Vielfalt nähergekommen – und dadurch wohl auch mir selbst. Ich habe nie zuvor so große Einsamkeit und gleichzeitig Geborgenheit erlebt. Noch nie so viel gewagt und gleichzeitig behütet. Es liegt nur wenig in meiner Hand, das wird mir immer wieder bewusst. Mein Leben, unser Miteinander – es ist nicht selbstverständlich. Mein Vertrauen wächst, dass da mehr ist, als wir Menschen jemals in Worte werden fassen können. Die Natur schenkt mir einen neuen Blick auf das, was mich im Glauben trägt. Auch wenn es Zeiten gibt, in denen sich Kummer breit macht, ähnlich den dichten Nebelschwaden, die nach einem kräftigen Regenguss durch das Tal ziehen, ist da in mir trotz allem das Gefühl der Dankbarkeit.

Der Frühling ist jene Jahreszeit, in der ich viel über das Mutter-

und Elternsein nachdenke. Mir fällt jetzt besonders auf, wie die Kinder gewachsen sind, wenn ihnen die leichten Schuhe vom vergangenen Jahr nicht mehr

Unser Hof ist kein „Guss im Ganzen", sondern vielmehr reihen sich Stück für Stück Erfahrungen und Ideen aneinander.

passen und Jacken zu kurz oder zu eng geworden sind. Das ist es, was ich unmittelbar wahrnehme – doch tief im Inneren spüre ich: Sie gedeihen und werden irgendwann auch ihre eigenen Wege gehen. Meine Aufgabe ist es, sie auch freizugeben – wie eine Knolle, die das ganze Jahr über alle Kräfte tief in der Erde bündelt, um die grünen Halme und bunten Blüten im Frühling wachsen zu lassen, durch die Erde zu brechen und zu neuem Leben zu erwachen.

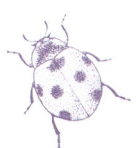

1
Komm schon, das Leben wartet!

2
Es sich bunt und schön zu machen, kann so leicht sein!

3
Von Frühling zu Frühling haben sich Familie und Hof verändert.

4
Ein „Schott"-Bienenstock bemalt von Kinderhand.

1

2

3

4

SOMMER – mit dem Rechen in der Hand und der Sonne im Gesicht

sommer

taunasses gras am morgen
funkelnde sonnenstrahlen
die sich im licht
der tropfen
brechen

wogende halme
das läuten der mittagsglocken
hell und klar
wie der strahlend blaue
himmel

sanftes rauschen von blättern
wind in den dunklen fichten
frohlockendes singen
der amsel
am lauen sommerabend

Ein lauer Sommerabend

Es ist eine ganz besondere Stimmung, an einem Sommertag am späten Nachmittag über die Felder zu blicken. Die Sonne taucht die in der sanften Brise wogenden Halme in ein weiches Licht, und manches Mal muss ich öfters blinzeln, um unterscheiden zu können, ob dies nun wirklich vor mir liegt oder ob ich ein Bild eines alten Meisters betrachte. Ich kann mich noch an den Zeichenunterricht im Gymnasium erinnern, als wir einmal nur mit feinen Strichen eine Landschaft malen sollten. Je weiter weg man das Gemalte hielt, umso besser konnte man erkennen, was da zu sehen war. Ähnlich ist es mit unseren Feldern kurz vor der Heuernte: Schaut man sich Halm für Halm an, ist dies zwar staunenswert, aber einen Blick für die Schönheit aller Halme gemeinsam erhält man erst, wenn man die ganze Fläche im Sonnenlicht betrachtet. Manchmal sieht man in den feinen Sonnenstrahlen Samenflusen von Löwenzahn oder Wiesenbocksbart schweben und in kleinen Punkten Insekten schwirren.

Handarbeit

Der Sommer ist eine sehr arbeitsintensive Zeit am Hof. Mit einem Mal gibt es so viel zu tun, dass man gar nicht weiß, womit zuerst begonnen werden sollte. Nie sonst im Jahr beobachten wir das Wetter so genau wie in den Wochen, in denen gemäht werden soll. Wir haben keine großen Maschinen, und es ist eine bewusste Entscheidung, dass wir unseren Tieren Heu zu fressen geben und keine Silage. Das ist aus unserer Sicht gesünder für die Tiere, aber natürlich mit etwas mehr Aufwand verbunden. Wir brauchen trockenes Wetter an mindestens drei aufeinanderfolgenden Tagen. Von der Mahd bis zum Einbringen des trockenen Heus braucht es einige Arbeitsschritte und auch nur ein einziges kräftiges Gewitter dazwischen kann viel davon zerstören. Trotz der Erfahrung, die wir in den letzten Jahren gesammelt haben, und durch einige Misserfolge und Fehler, aus denen wir gelernt haben, gibt es immer wieder Situationen, in denen es nicht so läuft, wie wir uns das gewünscht hätten. Das Wetter in den Bergen kann sehr schnell umschlagen und manches kann auch der beste Wetterbericht nicht vorhersehen.

Beobachtungen

Wir haben in den Jahren hier am Hof schon sehr seltsame Sommer erlebt: solche mit Temperaturen über 30 Grad, die man hier eigentlich nicht vermuten würde, und solche, in denen wir mit warmer Jacke und Stirnband am Feld bei der Heuernte standen und nicht wussten, was am kalten Wind das Schwierigste war – dass er das Heu in alle Richtungen wirbelte oder dass es trotz anstrengender Arbeit so kalt war. Ich führe seit einigen Jahren ein kleines Wettertagebuch, dadurch wird für uns deutlich, dass Wetterextreme anfangs kaum spürbar waren. Seit wir selbst unseren Bauernhof gestalten, hat das mehr Einfluss auf uns als vorher. Manchmal macht mir das Angst, weil ich sehe, wie Starkregen, Stürme und extreme Hitze zunehmen. In vielen Ländern der Erde ist es kaum mehr möglich zu überleben, weil Naturgewalten Ernten vernichten und große Unternehmen ein kleinstrukturiertes und eher ausfallsichereres Arbeiten in der Landwirtschaft zerstören. Dies ist für mich ein viel wichtigeres Thema geworden, seit ich selbst Bäuerin bin. Wenn ich Berichte oder Dokumentationen über den Kampf um den Erhalt der kleinbäuerlichen Strukturen in den unter-

Manchmal sieht man in den feinen Sonnenstrahlen Samenflusen von Löwenzahn oder Wiesenbocksbart schweben und in kleinen Punkten Insekten schwirren.

schiedlichsten Ländern der Erde sehe oder davon lese, fühlt sich das nun sehr viel näher an. Vermutlich ist das mit den meisten Themen so: Je näher sie an der eigenen Lebenserfahrung liegen, umso mehr berühren sie. Was aber nichts darüber aussagt, ob die Themen, die mich gerade weniger beschäftigen, nicht auch von großer Bedeutung sind.

Wissen, wovon man spricht

Mit den Jahren lerne ich immer deutlicher: über etwas zu sprechen, wovon man Ahnung hat (vollständiges Wissen hat vermutlich niemand, auch nicht der beste Experte – vor allem liegen Theorie und Praxis manch-

mal auch recht weit voneinander entfernt), ist die eine Sache, aber über etwas zu urteilen, das der eigenen Lebenswelt fremd ist, sollte man tunlichst vermeiden. Ich spüre immer wieder, wie verletzend pauschale Urteile über Tierhaltung, über das Konsumieren von tierischen Lebensmitteln oder über Landwirtschaft im Allgemeinen wirken, wenn ich damit konfrontiert werde. Ich denke, es ist sehr wichtig zu lernen, sich durch Erfahrungen eine eigene Meinung zu bilden. Das ist auch der Grund, warum auf unserem Hof eine kleine „Schule am Bauernhof" entstehen soll. Gruppen aus Kindergärten, Schulen oder auch Einrichtungen der Begleitung von jungen Erwachsenen können auf den Hof kommen und anhand bestimmter Themen selbst Erfahrungen sammeln und sich dann daraus weiterentwickeln. Sie können Fragen stellen, selbst etwas tun und gestalten, lernen … und tragen das hier Erlebte dann weiter in ihre Familien. So kann auch ein neuer Blick auf sonst vielleicht fremd erscheinende Themen wachsen.

1
Die Ziegen „helfen" auf ihre Art bei der Mahd.

2
Eine Fuhre Heu und vier glücklich-geschaffte Kinder.

3
Ein echtes Farmgirl lächelt auch mit Blasen an den Händen.

55

Harte Anfänge

Als wir das erste Mal selbst für die Heuernte verantwortlich waren, waren wir aufgeregt. Wir hatten eine alte reparierte Mähmaschine noch aus der Zeit meines Großvaters (vermutlich war sie damals mittlerweile gut 40 Jahre alt) und einen alten, gebrauchten Traktor mit Kreisler und Heuschwanz mit all unserem Ersparten gekauft, für jedes Kind einen Rechen besorgt und den Wetterbericht studiert. Wir beobachteten die Bauern auf der anderen Talseite und erkannten dann schnell, dass diese hervorragende Maschinen nutzten und wir uns deshalb wohl kaum an ihnen orientieren konnten. Trotzdem legten auch wir irgendwann los. Vermutlich ziemlich dilettantisch, aber das Feld war gemäht und irgendwie hatten wir es auch geschafft, das trockene Heu in die Scheune zu bringen. Wir waren müde, aber auch sehr glücklich. Wir hatten es geschafft: mit vier kleinen Kindern!

Kraftprobe

Die Ernüchterung kam recht schnell: denn es war das kleinste Stück Feld, das wir hatten. Weit größere und vor allem deutlich steilere Flächen warteten noch auf uns. Bei einem Feld kam eine Kollegin aus dem Krankenhaus mit Familie, um uns zu helfen. Wir alle hatten Blasen auf den Fingern vom Arbeiten mit dem Rechen und Kopfschmerzen, weil wir in der Mittagshitze arbeiteten und wohl zu wenig Flüssigkeit zu uns nahmen. Aber: Das Heu war drinnen.

> Mittlerweile kann ich darüber schmunzeln, aber damals war es wohl so etwas wie tiefe Verzweiflung: Wie sollen wir das nur jemals schaffen, über Jahre durchzuhalten?

Die Erfahrung dieses einen Feldes sitzt mir tief in den Knochen. Ich war so müde, so wackelig auf den Beinen und auch so frustriert von der sich endlos anfühlenden Arbeit, dass ich dachte, dass ich das kein zweites Mal durchstehen würde. Jetzt – Jahre später und mit mittlerweile klügeren Entscheidungen in Sachen Heuernte – spüre ich immer noch, wie in mir dieses Gefühl von damals aufkommt, sobald ich mit dem Rechen die ersten Reihen ziehe. Mittlerweile kann ich darüber schmunzeln, aber damals war es wohl so etwas wie tiefe Verzweiflung: Wie sollen wir das nur jemals schaffen, über Jahre durchzuhalten? Bei einem anderen Feldstück – wir hatten recht schnell gelernt, dass es besser war, kleinere Stücke zu mähen und nicht zu große Flächen auf einmal – war das Wetter wenig optimal. Trotzdem hatten wir mit der Heuernte begonnen und konnten dann nur zusehen, wie tagelanger Regen unsere viele Arbeit vernichtete. Es war bitter, danach das mittlerweile faulige und übelriechende Heu zum Misthaufen zu bringen und dort zu „entsorgen".

1
Die allererste Heuernte.

2
Oberhalb unseres Hofs trocknet das Gemähte allmählich in der Sonne.

Kleines Sommergeheimnis

In unserem Gemüsegarten gibt es viele verschiedene Sorten zu ernten – der Fantasie sind beim Kochen und Genießen beinahe keine Grenzen gesetzt. Allerdings sind die Geschmäcker verschieden. Ganz besonders bei Zucchini gehen die Meinungen in unserer Familie weit auseinander – aber: ein ganz wunderbares Rezept macht es möglich, dass aus diesem von den Kindern wenig geliebten Gemüse ein wohlschmeckender Genuss wird. Am besten niemandem verraten, dass sich Zucchini darin befindet …

Ketchup im Glas

1 ½ kg Zucchini
½ kg Zwiebel
Salz
½ kg Zucker
1 TL pikantes Paprikapulver
1 TL süßes Paprikapulver
1 TL Pfeffer
¾ Glas Essig
3 kg Tomaten (oder 1 kg Tomaten und 1 Tube Tomatenkonzentrat)

Zucchini schälen und grob reiben, Zwiebeln fein schneiden. Beides gut vermischen, mit einer Faust voll Salz bestreuen und ca. 4 Stunden ziehen lassen (nicht ausdrücken). Zucker hinzugeben und die Masse 20 Minuten kochen. Dann Gewürze, Essig und fein geschnittene Tomaten (bzw. Tomatenkonzentrat) hinzugeben und nochmals 10 Minuten kochen. Alles fein pürieren und erneut kurz aufkochen lassen. Heiß abfüllen und die Gläser fest verschließen. Ergibt einen Vorrat von 15 bis 20 kleinen Gläsern.

Lernfortschritte

Beim steilsten und dadurch wohl schwierigsten Feld kamen uns unsere Nachbarn zu Hilfe. Sie waren vor allem in den Anfangsjahren die wichtigsten Begleiter für uns am Hof. Sie teilten ihr Wissen mit uns, ermutigten und gaben uns wertvolle Hinweise für unser Arbeiten in Feld und Stall. Wir waren gut vorangekommen und eigentlich recht zufrieden, aber dunkle Gewitterwolken zogen auf. Das versetzte uns in Unruhe und wir grübelten, was nun wohl das Wichtigste wäre. Möglichst viel Heu herunterzubringen oder lieber weniger und das dafür dann auch trocken in die Scheune?

Wir konnten es gar nicht fassen, als wir plötzlich das Nachbarehepaar zu uns heraufgehen sahen. Kamen sie tatsächlich zu uns? Mit Rechen?

Danach ging alles sehr schnell. Der Nachbar teilte uns förmlich ein und machte klar, was die nächsten Schritte waren. Ich habe noch nie einen Menschen so schnell und trotzdem entspannt wirkend am Feld arbeiten sehen. Mit knapp 80 Jahren war er wesentlich besser bei Kondition als wir! Seine Frau und er waren offensichtlich ein eingespieltes Team. Irgendwann, als er in meiner Nähe war, meinte er: „Das wird schon noch …" Ich möchte mir gar nicht ausmalen, was er sich dachte, wie ich mit dem Rechen umging! Jahre später konnten wir gemeinsam darüber lachen. Unser Nachbar war es auch, der uns vieles, das uns heute beinahe selbstverständlich erscheint, beibrachte – denn letztlich, trotz Landwirtschaftsschule im Abendkurs, Bücherlesen und Selbstausprobieren, gibt es vieles, das man erst durch das Tun unter guter Anleitung wirklich anwenden lernt.

Mäh-Schule

Eine solche Sache war das Mähen mit der Sense. Es gab einige solcher Geräte in der Scheune, auch Wetzsteine – aber das Anwenden war schwieriger als gedacht. Bei einem unserer Abendspaziergänge mit den Kindern begannen die „Lehrstunden". Rund um das Wegkreuz, das an der Weggabelung zwischen seinem Haus und dem Weg zu uns hinauf steht, war das Lernfeld: Zug um Zug lehrte er meinen Mann, die Sense in gleichmäßigen Strichen durch das Gras und den Wetzstein über den Bug zu führen, um das Messer zu schleifen. Auch wenn das meiste mit dem Motormäher erledigt wird, so gibt es doch immer wieder Stellen, die von

Ich habe noch nie einen Menschen so schnell und trotzdem entspannt wirkend am Feld arbeiten sehen.

Hand gemäht werden müssen. Das Führen der Sense und das wischende Geräusch, das beim Schneiden der Halme entsteht, ist etwas Besonderes und erinnert an Zeiten, in denen es noch notwendig war, genau so die Felder zu mähen. Eine Zeit, in der Grundstückspar-

zellen daran gemessen wurden, wie viel man an einem Tag schaffte, und der Bauer körperlich noch ganz anders gefordert war als vielerorts heute. Es tut gut, sich immer wieder darauf zu besinnen, welch harte Arbeit hinter all dem steckt, das wir heute bewirtschaften dürfen. Es ist das Bemühen von Generationen vor uns.

Dazugehören

Es gab immer wieder Situationen hier am Hof, in denen spürbar wurde, wie sehr man uns unterstützte. Wir waren fremd hier, hatten keine Freunde und Bekannten in der Umgebung und waren auf uns selbst gestellt. Mit den Kindern ging ich viel spazieren. Zuerst mit der ältesten Tochter, vor allem in der Umgebung und in den nahegelegenen Wald. Stunden verbrachten wir dort, aßen Walderdbeeren und erkundeten die Gegend. Später änderten wir die Routen, weil der Kinderwagen mit den Zwillingen nicht überall fahren konnte. So spazierten wir mehr auf befestigten Wegen: das große Mädchen mit dem Puppenwagen, ich mit jenem der kleinen Schwestern. So kamen wir auch

mehr und mehr mit den Nachbarn entlang des Weges ins Gespräch. Ab und an wurden wir eingeladen, ein wenig auf der Bank vor dem Haus zu sitzen, etwas zu trinken oder einfach ein wenig zu reden. Später waren die Mädchen schon etwas lebendiger und plauderten aus dem Wagen, den kleinen Bruder hatte ich dann in einer Trage vor mir. So lernten wir die Menschen hier in unserem Weiler kennen, erfuhren die wichtigsten Neuigkeiten aus der Umgebung, und es war auch ein gutes Stück Abwechslung. Vor allem für mich.

Denn es war eine große Umstellung von der Stadt mit vielen Freunden, mit denen wir uns regelmäßig getroffen und etwas unternommen hatten, jetzt hier

> **Es sind oft kleine Dinge, die dem Alltag einen Lichtblick geben: ein freundlicher Gruß, ein bisschen Plaudern am Gartenzaun … – es braucht gar nicht viel, um sich etwas wohler in einer neuen Umgebung zu fühlen.**

allein zu sein. Der Reiz des Neuen und die Aufregung über diese neue Lebenssituation waren nämlich schon nach wenigen Monaten verflogen und ich spürte ein tiefes Gefühl der Einsamkeit in mir aufkommen. Die Kinder waren die einzigen, mit denen ich sozusagen kommunizieren konnte. Mein Mann war zum damaligen Zeitpunkt als Pfleger in einer Vollzeitanstellung und wenig zu Hause. Die Spaziergänge mit den Kindern und das Sprechenkönnen mit Nachbarn war ein Segen. Ich bin heute noch dankbar dafür, dass mir diese Möglichkeit geschenkt wurde. Denn dadurch fühlte es sich für mich so an, als würde ich – und wir – dazugehören. Obwohl wir ganz neu hier waren und uns die Menschen hier mindestens genauso fremd waren wie wir ihnen. Es sind oft kleine Dinge, die dem Alltag einen Lichtblick geben: ein freundlicher Gruß, ein bisschen Plaudern am Gartenzaun … – es braucht gar nicht viel, um sich etwas wohler in einer neuen Umgebung zu fühlen.

1
Verdiente Pause, wau!

2
Viel spannender als ein Spielplatz.

3
Zu langen Reihen wird das Heu zusammengerecht.

Neue Sicht

Als wir hier im Haus einzogen, war uns nicht bewusst, wie viel Arbeit auf uns warten würde. Jahrelang waren wir damit beschäftigt, Zimmer für Zimmer zu renovieren. Dazu gehörten natürlich auch die Fenster. Unzählige davon gibt es im Haus und eine größere Lieferung war notwendig. So kündigte sich eines Tages auch der Speditionslastwagen an und versprach, nachmittags die Fenster zu liefern. Was uns damals nicht klar war: Mit einem so großen Fahrzeug samt Anhänger konnte man gar nicht zu uns herauffahren. Die Kurven waren viel zu eng, und vor allem für Ortsunkundige ist die schmale Straße eine Herausforderung.

So konnten wir nur traurig mit ansehen, wie unsere Fensterlieferung wieder rückwärts versuchte, hinunter ins Tal zu kommen. Einige Tage später wurden die Fenster auf ein anderes Fahrzeug umgeladen und wir konnten dank des Einfallsreichtums des Fahrers (er musste rückwärts zu uns nach oben fahren) unsere neuen Fenster entgegennehmen. Sie lagerten dann doch noch geraume Zeit im Haus, bevor sie Öffnung für Öffnung wieder eine neue Sicht aus dem Haus heraus ermöglichten.

Unter Beobachtung

Ich weiß nicht genau, wann es war, als ich endlich wirklich realisierte, wie sehr ein Fernglas zur Grundausstattung der meisten Haushalte hier gehört. Das erste Mal war ich noch zu überrascht, als dass ich Zusammenhänge für mich hätte finden können. Es war ein Sommernachmittag, als mit einem Mal eine Frau zu uns heraufspazierte. Als sie bei uns angelangt war, reichte sie mir einen Kuchen und erzählte mir, dass sie auf der anderen Talseite wohne und uns schon länger beobachtet hätte. Ich war verwundert. Vor allem als sie dann erwähnte, dass sie beobachtet habe, dass wir uns sehr viel „hinter" dem Haus aufhielten und sie sich frage, was wir dort tun würden. Nun, hinter dem Haus war damals unser kleiner Garten und die Wäscheleine, was vermutlich die Erklärung für unseren häufigen Aufenthalt dort war – aber dass davon jemand Notiz genommen hatte, damit hätten wir nicht gerechnet. Ich war perplex – zumal ich zum damaligen Zeitpunkt gar nicht richtig zuordnen konnte, wer da jetzt genau vor mir stand. Und es verwirrte mich, dass da jemand mit dem Fernglas zu uns herüberspähte und uns beobachtete.

Ein anderes Mal wurde ich nach dem Gottesdienst in der Kirche darauf angesprochen, ob es wohl angebracht wäre, als vierfache Mutter so leichtgekleidet am Feld zu arbeiten? Wieder war ich so überrascht von dieser Anfrage, dass mir nicht recht etwas zu entgegnen einfiel. Einmal hatten die Kinder eine Piratenfahne gemalt und zusammen mit einer polnischen, einer österreichischen und einer Regenbogenfahne gehisst. Das irritierte offensichtlich so manchen Beobachter, da es beim Einkaufen im Geschäft im Nachbardorf immer wieder Anfragen gab ob unserer seltsamen Beflaggung des Hofes.

1
Bei klarem Himmel sieht man unglaublich weit.

2
Die ganze Familie bei schönstem Wetter auf der Weide.

Selbstgemacht schmeckt's am besten

Manchmal geraten die einfachsten Dinge in Vergessenheit – oder erscheinen zu kompliziert, um sie selbst zu machen. Dabei benötigt Suppenwürze keine besonderen Zusatzstoffe oder exotischen Komponenten, um gut zu schmecken! Besonders in den kalten Monaten tut eine warme Speise mit der Würze des Sommers gut.

Suppenwürze im Glas

Gemüse nach Belieben auswählen, es eignen sich zum Beispiel Karotten, Sellerie, Petersilie, Zwiebeln, Petersilienwurzeln und Liebstöckelkraut. Das Gemüse fein raspeln oder schneiden. Dann Salz dazugeben, auf ⅔ geriebenes Gemüse kommt ⅓ Salz. Alles gut vermischen. In saubere, gut verschließbare Gläser füllen, festdrücken und verschließen. Bis zum Verzehr kühl und dunkel lagern. Die Gemüse-Salz-Mischung bleibt über Monate haltbar und ist ein Allround-Talent: 1 EL davon (pro Liter Wasser) für Suppen oder als Würze nach Belieben für Fisch, Fleisch oder Gemüse verwenden.

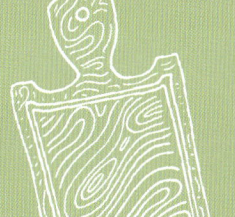
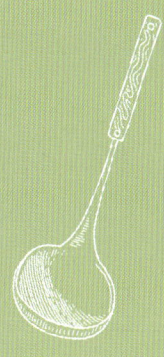

Rätselhafter Besuch

Diese Erlebnisse gerieten wieder ein wenig in Vergessenheit, bis wir eines Tages eine Jacke auf unserer Terrasse fanden. Wir rätselten, wie die bloß dahin gekommen war. Es war eine dunkle Männerjacke und wir waren sicher, dass sie am Abend zuvor noch nicht dort gelegen hatte. Besuch hatten wir auch keinen empfangen, und so war es wirklich seltsam. Wir fragten ein wenig bei unseren Nachbarn nach, die wiederum bei anderen nachfragten und – siehe da – die Beobachtungsgabe so mancher war ein Segen: Wir konnten klären, was es mit der Jacke auf sich hatte. Ein älterer, verwirrter Mann, der wohl einst mit meinem Großvater befreundet gewesen war, hatte sich auf den Weg zu unserem Hof gemacht in der Meinung, hier noch meine Großeltern anzutreffen. Er musste das wohl in den frühen Morgenstunden gemacht haben und wir hatten nichts gehört. Gottseidank war die Haustür abgesperrt – wir wären sonst wohl durch den unerwarteten Besuch in aller Frühe mächtig erschreckt worden! Der Ortsstelle der Polizei waren die Ausflüge des Dorfbewohners schon bekannt und sie überprüften, ob er wirklich der Besucher bei uns gewesen war. So konnte die Jacke wieder ihrem Besitzer übergeben werden.

Gerüchteküche

Auch als wir unseren Erdkeller errichteten, gab das offensichtlich allerhand Anlass zu Gerüchten über unsere Baustelle. Man munkelte, wir würden eine Garage in den Hang hineinbauen. Besonders kreative Köpfe vermuteten eine eigene Haus- und Hofkapelle, schließlich war ich doch als Seelsorgerin tätig. Dass es eine Möglichkeit zur kühlen Lagerung von Gemüse und Obst werden könnte, daran hatte niemand gedacht. Noch heute machen wir Scherze darüber und lagern die Kartoffeln nach der Ernte in der „Kapelle" ein. Auch die Errichtung der Hochbeete in unserem Hausgarten unterhalb des Hauses stellte so manchen vor ein Rätsel: Was sollten die vielen „Kisten" in einem eingezäunten Bereich?

Anekdoten gibt es immer wieder durch diese ausgeprägte Beobachtungsfreude mancher hier, und wir gehen davon aus, dass kaum jemals etwas Ungewöhnli-

1
Der Traktor ist eine große Hilfe – aber nicht bei steilen Hängen!

2
Da ist der handliche Motormäher besser geeignet.

3
In den Hochbeeten vorm Haus gedeihen Kräuter, Blumen und Gemüse.

ches hier unbeobachtet geschehen kann. Das ist nicht immer lustig, manchmal aber wohl auch recht praktisch – und vermutlich besser als jede Überwachungskamera.

Anekdoten gibt es immer wieder durch diese ausgeprägte Beobachtungsfreude mancher hier, und wir gehen davon aus, dass kaum jemals etwas Ungewöhnliches hier unbeobachtet geschehen kann.

Ungewöhnliche Baustelle

Als wir mit dem Neubau des Stallgebäudes begannen, war es auch an uns, die Bauarbeiter zu verköstigen. Gar nicht so einfach, für noch mehr Menschen zu kochen. Während es in unserer Familie etwas ganz Normales ist, dass derjenige kocht, der mittags als Erstes nach Hause kommt, war das für die Arbeiter doch recht ungewöhnlich. Denn mal kochte ich, mal unsere älteste Tochter – und meistens mein Mann. Ich kam erst am frühen Nachmittag von der Arbeit im Krankenhaus nach Hause. Wir hatten dann noch ein Weilchen, um miteinander das Wichtigste zu besprechen, und dann fuhr mein Mann los, um rechtzeitig bei seiner Arbeit zu sein.

Die Bauarbeiter fanden das recht amüsant und meinten, das hätten sie auf noch keiner Baustelle erlebt, dass der Mann koche. Aber es schmeckte ihnen – egal wer das Essen zubereitete, und die Arbeiten gingen rasch voran.

Schutzengel

Manchmal macht man Fehler. Und es ist nicht selbstverständlich, dass diese sich zum Guten wenden. Ein solcher Fehler war es, mit dem Traktor in einem steilen Feldstück beim Kreiseln des Heus wenden zu wollen. Der Traktor kippte und wurde nur noch von den Zinken des Kreislers gehalten. Ich war zu diesem Zeitpunkt mit den Kindern auf der Terrasse vor dem Haus und hatte das Unglück schon kommen sehen. Ich wusste, dass mein Mann im Traktor nicht hören konnte, was ich ihm zurief. Irgendwie konnten wir uns aber dann verständigen, dass ich Hilfe organisieren wollte. Aber wie? Ich war in Panik. Meine Hände zitterten, als ich die Nummer des Nachbarsohnes wählte. Was für ein Glück! Er war gerade selbst bei der Arbeit am Hof in der Nähe und versprach, so schnell wie möglich zu kommen und zu helfen.

Was dann folgte, lässt sich kaum mit Worten beschreiben. Als der Nachbar mit seinem Traktor kam, starteten er und mein Mann ein waghalsiges Unternehmen. Ich konnte kaum hinblicken und versuchte, die Kinder im Haus zu beschäftigen. Ich wollte nicht, dass sie zusehen mussten, wenn etwas bei dem „Rettungsmanöver" misslingen sollte. Selbst lugte ich aber immer wieder aus der Tür und spähte hinauf auf den Hang.

Unser Traktor wurde an jenem des Nachbarn (immerhin einem erfahrenen Bergretter) mit einem festen Band befestigt und dann fuhren die beiden Traktoren in mehr oder weniger unterschiedliche Richtungen mit minimalen Veränderungen, bis unser Traktor wieder Boden unter den hochstehenden Rädern hatte und fahren konnte. Es war mehr als spannend, dem zuzusehen – und die Dankbarkeit für diese Hilfe lässt sich kaum in Worte fassen. Gelernt haben wir einiges daraus und unser Traktor fährt seitdem nicht wieder an diese Stelle und wir erledigen die Arbeit dort händisch.

Immer wieder erleben wir brenzlige Situationen hier am Hof und ab und an sagt dann jemand zu uns: „Da habt ihr aber einen Schutzengel gehabt." In mir wird dann die Erinnerung wach an ein Bild, das über dem Bett hing, in dem ich schlief, wenn ich hier bei meinen Großeltern war. Es ist ein sehr bekanntes Schutzengelbild mit zwei Kindern, die über eine Brücke gehen. Im Hintergrund wacht ein Schutzengel über ihnen. Mir gruselte als Kind vor diesem rosaroten Engel mit den spitzen Flügeln – aber ich kann mich noch an die Worte meiner Großmutter erinnern: „In Wahrheit sieht man einen Engel gar nicht. Man spürt ihn nur. Und eigentlich merkst du sowieso erst danach, dass er da war."

Zusammenhalten

Es war ein unglaublich heißer Sommertag. Das Heu lag trocken und bereit zum Einheuen am Feld. Es fehlte lediglich der Bauer! Mein Mann hatte einen recht ungünstigen Dienstplan und war nachmittags mit der Rettung unterwegs – statt mit dem Traktor. Und so war ich mit den Kindern allein am Feld. Wir planten, das Heu vom Hang herunterzurechen und in einem langen „Riegel" am Weg aufzulegen, sodass – wenn mein Mann dann von der Arbeit nach Hause käme – er das Heu nur mehr mit dem Traktor einholen müsste. Eigentlich sind wir ein eingespieltes Team und jeder weiß, was zu tun ist. Die jüngeren Kinder machen ein paar Reihen und pausieren dann (meistens deutlich länger, als sie gearbeitet haben), die Älteste und wir Eltern halten da schon länger durch. Normalerweise mähen wir auch nur so viel, wie wir realistischerweise ohne völlige Erschöpfung bewältigen können. Wir haben schließlich aus unseren Anfangsfehlern gelernt. Aber dieses Mal waren wir nach nicht mal der Hälfte des Feldes geschafft. Obwohl wir reichlich zu trinken hatten, die ärgste Mittagshitze vorüber war und die Kinder auch um die nahende Belohnung für die harte Arbeit wussten (Schwimmbadbesuch am nächsten Tag), kamen wir nicht recht weiter. „Wenn uns nur jemand helfen würde …", das war mein ständiger Gedanke. „Wie soll ich denn das mit den Kindern nur jemals schaffen?" Die Kinder hatten sehr bald keine Lust mehr am Arbeiten, gerieten ständig in Streit, und ich war auch am Ende meiner Kräfte. So beschlossen wir, aufzugeben und zu warten, bis der Papa wieder zu Hause wäre.

> „In Wahrheit sieht man einen Engel gar nicht. Man spürt ihn nur. Und eigentlich merkst du sowieso erst danach, dass er da war."

Da läutete mein Telefon. Eine Nachbarin, selbst gerade fertig mit dem Heuen auf der anderen Talseite, die zu dem Feld hinüberblickte, auf dem wir gerade beschäftigt waren, fragte, ob ich tatsächlich allein mit den Kindern am Feld wäre und ob wir etwas dagegen hätten, wenn sie und eine andere Nachbarin mit einem Heublasgerät kämen und uns helfen würden?
Ich konnte es nicht fassen, so unerwartet Hilfe zu bekommen! Auch die Kinder staunten: Da wollte jemand – nachdem schon so viele Stunden auf dem eigenen Feld gearbeitet worden war – noch zusätzlich Anstrengungen auf sich nehmen und uns unterstützen. Ein richtiges Wunder in den Augen der Kinder.

1
Unser Jüngster versucht sich schon an großen Maschinen.

2
Auch bei Hitze ist Feldarbeit angesagt.

Sommertraditionen

Jede Jahreszeit bringt besondere Festtage mit sich – bei uns sind das hauptsächlich Geburts- und Namenstage. Im Sommer gibt es das Johannisfest bzw. die Sommersonnenwende, in skandinavischen Ländern auch Mittsommer genannt. Das ist zwar kein großes Fest für uns, aber markiert doch einen entscheidenden Punkt im Sommer: Ab jetzt werden die Tage wieder kürzer und der Herbst rückt näher, auch wenn noch viele heiße Tage vor uns liegen. Was mit dem Sommer für uns untrennbar verbunden ist, sind die selbstgemachten Eislutscher. Gerade an Sonnentagen tut es gut, sich mit einem Eis etwas abzukühlen – nicht nur wenn Feldarbeit auf dem Programm steht. Weil es nicht immer so einfach mit dem Eisnachschub aus dem Geschäft ist, machen wir unser Eis meistens selbst. Mit der Zeit wird man immer mutiger im Versuchen neuer Kreationen.

Köstlicher Eisgenuss

Wir haben Eisformen aus Kunststoff, die sich leicht
neu befüllen lassen. Einige Stunden im Gefrierfach (am besten
über Nacht) und schon gibt es wieder neuen Eisvorrat.
Der Fantasie sind bei den Eiskreationen kaum
Grenzen gesetzt. Hier einige Ideen: Wasser mit etwas Zitrone
und Pfefferminzblättern, Fruchtsaft (besonders gut
schmeckt Apfel- oder Johannisbeersaft), kohlensäurehaltige
Getränke, Pudding, Milch oder Kakao.

Den Blick für das Wesentliche nicht verlieren

Mit einem Mal waren wir wieder motiviert und es war erstaunlich, mit welcher Geschwindigkeit das viele Heu von uns allen gemeinsam vom Hang hinuntermanövriert wurde. Das einzige Problem: Ein Gewitter zog auf!

Eine Nachbarin hielt aber trotzdem kurz inne und sagte: „Siehst du, wie schön das aussieht?"

> Es war atemberaubend schön:
> Das satte Grün der Felder ringsum,
> gebündelte Sonnenstrahlen zwischen
> den Bergspitzen und die dichten
> Gewitterwolken, die den Himmel immer
> mehr bedeckten. Mitten im duftenden
> Heu standen wir und bewunderten die
> Schönheit der Schöpfung.

Ich weiß noch, dass ich in dem Moment fast lachen musste: Wir hatten solche Eile und sie hatte noch Augen für die Schönheit ringsum. Aber auch ich machte eine kurze Pause und ließ den Blick schweifen – wirklich! Es war atemberaubend schön: Das satte Grün der Felder ringsum, gebündelte Sonnenstrahlen zwischen den Bergspitzen und die dichten Gewitterwolken, die den Himmel immer mehr bedeckten. Mitten im duftenden Heu standen wir und bewunderten die Schönheit der Schöpfung. „Das braucht man auch", sagte die Nachbarin zu mir, die wohl meine Gedanken zuvor erraten hatte. „Es ist so schön hier. Man darf nicht nur die ganze Arbeit sehen." Irgendwann später sagte sie noch, als ich sie

fragte, wie sie nur so viel Energie aufbringen könne, um zur eigenen Arbeit zusätzlich noch hier mitzuhelfen: „Hier hält man zusammen. Und ganz besonders wir Frauen müssen zusammenhalten. Sonst geht das hier nicht."

Darüber musste ich viel nachdenken. Während des Weiterarbeitens, aber auch noch lange danach. Die ersten Regentropfen fielen schon, als mein Mann endlich von der Arbeit kam und den Traktor startete. Wir brachten nicht das ganze Heu trocken in die Scheune, aber einen beträchtlichen Teil. Mehr als wir jemals ohne die Hilfe unserer beiden Nachbarinnen geschafft hätten. Der Rest war aber immerhin schon unten im Tal, konnte am Tag darauf noch einmal in der warmen Sonne trocknen und dann eingebracht werden.

Es ist eine unglaublich wohltuende Erfahrung, wenn man Unterstützung erfährt. „Du bist ein Segen ..." – dieser Satz bekommt eine ganz konkrete Bedeutung, wenn man derjenige ist, dem ganz unerwartet Hilfe zuteilwird. Es tut gut, das erleben zu dürfen. Ganz unkompliziert wird mit angepackt. Obwohl wir es kaum jemals schaffen, jemand anderen bei der Feldarbeit zu unterstützen. Aber wer weiß, vielleicht kommt auch eines Tages für uns die Zeit, dass wir noch Ressourcen haben, um woanders mit anzupacken.

Alltagsaufgaben

Wir bemühen uns sehr, den Sonntag bewusst als einen ruhigen Tag zu gestalten. Aber gerade im Sommer ist das nur selten möglich. Die Arbeit will erledigt werden,

> „Hier hält man zusammen.
> Und ganz besonders wir Frauen
> müssen zusammenhalten. Sonst
> geht das hier nicht."

und wenn das Wetter günstig ist, gerät der Gedanke an eine Auszeit in den Hintergrund. Das betrifft vor allem die Feld- und Gartenarbeit, aber auch scheinbar Alltägliches. Und doch sind an diesen manchmal sehr arbeitsreichen Sonntagen auch Momente dabei, die besonders ausgekostet werden können – einfach weil Sonntag ist und nicht noch Schulaufgaben oder Termine warten. In aller Ruhe, ohne sonstige Ablenkung etwas tun zu können, ist letztlich auch etwas Besonderes und macht sie möglich: die Sonntagsmomente.

Ein scheinbar nie enden wollendes Thema ist jenes der Wäsche. Bei sechs Personen kommt einfach einiges zusammen. Im Sommer zwar nicht so viel wie im Winter, weil einfach weniger Kleidung notwendig ist, aber an warmen Tagen flattert bei uns immer Wäsche an der Wäscheleine hinter dem Haus. Es gab eine Zeit, in der wir sehr konsequent unser Waschmittel selbst herstellten. Vor allem als die Kinder noch klein waren und ich vorwiegend zu Hause war. Später, als ich dann begann, als Seelsorgerin im Krankenhaus zu arbeiten, kauften wir auch immer wieder Waschpulver und legen nach wie vor großen Wert auf möglichst ökologische Reinigungsmittel. Das Selbstherstellen des Pulvers macht das Wäschewaschen allerdings zu einem ganz besonderen Teil der Haushaltsarbeiten.

In aller Ruhe ohne sonstige Ablenkung etwas tun zu können, ist letztlich auch etwas Besonderes und macht sie möglich: die Sonntagsmomente.

Abends, wenn die Kinder schon schliefen, saßen wir in der Küche und raspelten Seife und vermischten sie mit Waschsoda. Ich füllte das Mittel in eine Box und konnte schon die erste Waschmaschinenladung damit starten. Mittlerweile machen wir das nur mehr selten, obwohl es doch eigentlich ganz einfach ist und vor allem für die kindliche Haut wesentlich schonender als alle möglichen, kaum für einen Laien nachvollziehbaren Zutaten in den herkömmlichen Waschpulvern.

1
Rechen haben wir in (fast) jeder Größe vorrätig.

2
Ein Sonntagsmoment am Mohar-Gipfelkreuz auf 2451 Metern Höhe.

3
Ein Schnappschuss von uns bei der Heuernte.

4
Heumandln (Heumännchen): zum Trocknen aufgetürmtes Heu.

Haushaltsgedanken

Viele Jahre dauerte es, bis wir Wege fanden, die uns bei der Vermeidung von Müll sinnvoll erschienen. Besonders im Haushalt gibt es vieles, das scheinbar selbstverständlich ist – und doch eigentlich unnötig. So haben wir kaum mehr Papierservietten oder -tücher in Verwendung, sondern nehmen stattdessen Stoffservietten und Textil-Spültücher, die jahrelang haltbar sind und sich gut waschen lassen.

Beim Wäschewaschen war es etwas schwieriger, Alternativen zu finden. Einerseits sollte es einfach und ungefährlich sein, andererseits trotzdem ein hygienisch sauberes Ergebnis bringen. So gab es viele Versuche und Experimente mit selbstgemachtem Waschpulver – Weichspüler verwenden wir nicht. Dafür genügt ein kleiner Schuss Essig im Spülfach oder ein kräftiger Regenguss, während die Wäsche an der Leine hängt. Danach ist die Wäsche nämlich, wenn sie wieder trocken ist, auch schön weich.

Selbstgemachtes Waschpulver

⅓ geriebene Kernseife
⅔ Wasch-Soda

Kernseife und Wasch-Soda miteinander vermischen und in ein Gefäß füllen.
Für eine Waschladung (ca. 5 kg Wäsche) 2 EL Pulver in das Waschmittelfach geben. Funktioniert wunderbar!

Sonntagswäsche

Anfangs bemühte ich mich darum, den Sonntag wirklich Sonntag sein zu lassen und nicht auch noch Wäsche zu waschen. Aber nach und nach begann mir das weniger wichtig zu werden und ich achtete nur auf den Bedarf und das Wetter. Das brachte mir schon so manchen Kommentar ein: „Wäschst du auch am Sonntag die Wäsche? Das ist doch ein Feiertag! Du arbeitest doch für die Kirche!"

> Sonntagsmomente finden sich immer wieder auch in scheinbar Alltäglichem.

Solche Kommentare irritieren mich, aber ich habe dabei kein schlechtes Gewissen (mehr), auch wenn es vielleicht für mich selber den Sonntag mehr herausheben würde, wenn ich nicht auch noch Hausarbeiten an diesem Tag erledigen würde. Aber – und das ist ein wichtiger Punkt für mich: Der Sonntag ist für den Menschen da, nicht umgekehrt. So sagte es mir einmal mein geistlicher Begleiter während des Praxisjahres nach dem Studium. Zwar in einem anderen Zusammenhang, da das Wäschewaschen damals nicht annähernd in meinem Gedankenhorizont jemals ein Thema hätte sein können, aber doch fällt mir dieser Satz immer wieder ein. Denn – so erstaunlich das vielleicht sein mag: Ich mag es, die frische Wäsche aufzuhängen. Dabei habe ich einen Moment „nur für mich". Ich stehe bei den Wäscheleinen und klammere Stück für Stück dort fest. Meine Gedanken schweifen in diese und jene Richtung und manchmal entdecke ich in der Natur ringsum etwas Besonderes und kann einen Moment innehalten und dies auskosten: ein Eichhörnchen, das am Gartenzaun entlangbalanciert, oder eine Spinne, die sich von der Wäscheleine abseilt – ein kleiner Sonntagsmoment, ganz für mich. Und es fühlt sich gut an, einen ganzen Berg frischer Wäsche draußen auf der Terrasse im Gespräch mit den Kindern zusammenlegen zu können, und so dann in die neue Woche zu starten. Sonntagsmomente finden sich immer wieder auch in scheinbar Alltäglichem.

Naturapotheke

Wir genießen einen vergleichsweise großen Luxus: Auch in dieser eher abgelegenen Region gibt es Ärzte in erreichbarer Nähe, ein Krankenhaus nur gut 30 Minuten entfernt, und wenn es einmal wirklich schnell gehen muss, darf man auf einen Transport durch den Rettungshubschrauber vertrauen. Noch vor wenigen Jahrzehnten war vieles davon nicht selbstverständlich und es war überlebenswichtig, sich bewusst mit den Heilkräften der Natur zu beschäftigen. In den warmen Monaten wurden Pflanzenteile, Wurzeln und Blüten gesammelt, anschließend getrocknet oder als Tinktur aufbereitet. Altes Wissen, das wieder neues Interesse weckt.

1
So viele Schuhe …
und noch viel mehr
Wäsche.

2
Die ganze Familie
im Festtagsstaat
herausgeputzt.

Meine Großmutter, die hier am Hof lebte, hatte ein Buch mit dem Titel „Gottes Apotheke". Ich erinnere mich daran, dass ich das als Stadtkind recht befremdlich fand: Apotheke bedeutete für mich ein Gebäude, in dem man Medikamente kaufen konnte. Dass Gott da eine Rolle spielen und es auch in der Natur heilende Mittel geben sollte, verwunderte mich. Aber für meine Großeltern war es eine Selbstverständlichkeit, so manches als Tinktur oder Einreibung aufzubereiten – der Duft des Arnikaschnapses ist heute noch in meiner Erinnerung. Es ist erstaunlich, wie vieles man im Gedächtnis behält, das aber erst greifbar wird, wenn man in einer bestimmten Situation ist. Gerüche, Klänge, Farben ... auch wenn es Erinnerungen aus meiner Kindheit sind, so scheinen sie mit einem Mal doch ganz nahe zu sein. Als ich mir Gedanken über die Bepflanzung unseres Hausgartens machte, war es wichtig, dass sich darin

vor allem „nützliche" Pflanzen finden würden. Zum einen als Futter für unsere Bienen und zum anderen auch als Heilpflanzen verwendbar. Es war ein langsames Lernen und Hineinwachsen in die Pflanzenwelt. Sicher waren mir einige Kräuter bekannt, vor allem in der Verwendung als Tee. Aber um die Heilwirkung wusste ich kaum Bescheid. Als junge Lehrerin hatte ich einmal einen Sommer lang einem Heilpraktiker beim Sammeln von Pflanzen für seine Naturapotheke geholfen. Ich denke, dass ich kaum jemals so vieles in so kurzer Zeit wie damals gelernt habe – und es ist eine Erfahrung, die auch heute noch für mich wichtig ist. Weniger wegen der Kenntnis von so manchem Kraut und seiner Heilwirkung, sondern vielmehr, weil mir in diesen Sommerwochen der Wert der Schöpfung ganz neu vor Augen geführt wurde. Damals hätte ich mir nicht im Geringsten vorstellen können, einmal auf einem kleinen Bergbauernhof zu leben, als Seelsorgerin in einem Krankenhaus zu arbeiten und selbst Kräuter zu sammeln und zu lindernden und heilsamen Mitteln zu verarbeiten.

1
Ein bunter
Kräuter-Blumenstrauß.

2
Löwenzahn sieht nicht
nur auf der Wiese schön
aus, er hat vielfältige
Heilwirkungen.

Eine wertvolle Tradition

Damals wurde mir auch zum ersten Mal bewusst, welcher Wert hinter der Tradition des Bindens von Kräutersträußen am 15. August, dem Fest der Aufnahme Mariens in den Himmel – auch „Hoher Frauentag" genannt – steckt. Dieser Brauch ist auch hier in der Region sehr verbreitet und für mich ist er nicht bloß ein altes Ritual, sondern erfüllt mit dem tiefen Vertrauen in die Apotheke der Schöpfung – der „Apotheke Gottes", wie es das Buch meiner Großmutter formulierte. Der „Kräutersammelsommer" vor vielen Jahren kommt mir häufig in den Sinn, wenn auch wir mit dem, was ringsum wächst, einen Strauß binden und diesen mit zum Gottesdienst nehmen. Die Kinder helfen dabei und es ist eine ganz besondere Stimmung, wenn die ganze Kirche an diesem Tag nach Kräutern und Blumen duftet. Dass so viele Menschen diesen Brauch leben, ist für mich ein Zeichen der Wertschätzung der Natur und macht spürbar, was mit Schöpfungsverantwortung gemeint ist.

Kräuter zum Himmelfahrtstag

Traditionell werden an Mariä Himmelfahrt Kräuter in den Kirchen gesegnet. Dazu bindet man verschiedene Blumen und Kräuter aus dem Garten zu einem Strauß. Nach dem Gottesdienst kommen die Sträuße entweder in eine Vase und werden nach und nach frisch für Speisen verwendet oder sie werden für kalte Wintertage getrocknet. Je nachdem, welche Kräuter sich im Strauß finden, gibt es unterschiedliche Anwendungsmöglichkeiten.

Ich sammle häufig um den 15. August alle Kräuter, die für unseren Wintertee gebraucht werden. Es ist ein Tee, in dem sich alles findet, was bei uns wächst. Durch die vielen Heilkräuter (u. a. Brennnessel, Thymian, Kamille oder Salbei) ist der Tee ein guter Begleiter in Erkältungszeiten.

Kräuter zum Würzen oder frisch Genießen:

Kapuzinerkresse (Blüte und Blatt), Salbei, Oregano, Thymian, Rosmarin, Ringelblumenblüten, Liebstöckel, Schafgarbe, Kamille, Pfefferminze

Kräuter zum Tunken:

Zu Stückchen von Stangensellerie, Karotte oder Tomaten, aber auch zu warmen Kartoffeln passt ganz wunderbar eine Kräutersauce: Einfach einen Becher Sauerrahm mit etwas Salz und kleingeschnittenen Kräutern mischen. Wer es schärfer mag, kann noch Pfeffer oder Chili dazugeben.

Kleine Auszeiten

Der Sommer bringt viel Arbeit am Hof mit sich. Alles orientiert sich am Wetter und den Möglichkeiten, das Heu einzubringen. Auch die Ernte, Gartenarbeit und das Verarbeiten von Obst und Gemüse fällt in diese Zeit.

Es ist aber bei all den Aufgaben wichtig, auch kleine Auszeiten zu gestalten. Die ganze Arbeit zurückzulassen, ist nicht einfach, aber für uns als Familie und wohl auch für jeden Einzelnen von großer Bedeutung. „Bei uns gab es immer nur Arbeit, Arbeit, Arbeit ...", erzählte mir meine Mutter einmal, als ich sie fragte, warum sie denn in ihrer Jugend unbedingt in die Stadt ziehen wollte, weit weg vom Hof ihrer Eltern. Auch Patienten im Krankenhaus erzählen mir immer wieder davon, wie sehr es sie schmerzt, sich keine Zeit zum Genießen genommen zu haben, als sie noch gesund waren. Immer standen Arbeit und Aufgaben im Mittelpunkt, aber dem Genießen und Erholen wurde kaum Aufmerksamkeit geschenkt.

Manchmal mache ich mir Gedanken darüber, wie es wohl für unsere Kinder ist, hier aufzuwachsen. Sie genießen viele Freiheiten, haben einen engen Bezug zur Natur und lernen vieles ganz unvermittelt, weil sie damit aufwachsen. Es ist aber auch ein arbeitsreiches Leben. Die Tiere müssen versorgt werden – da gibt es kein „Heute habe ich aber keine Lust" – und vor allem die Heuernte ist eine Notwendigkeit im Sommer. Schon seit dem Kindergartenalter wissen unsere Kinder genau, wie Tiere zu versorgen sind, haben auch schon so manche Geburt bei den Tieren erlebt und kennen Tod und Sterben. Sie finden immer wieder neue Wege, damit umzugehen. Es sind ihnen viele Zusammenhänge bewusst, gerade im Blick auf die Herkunft von Lebensmitteln. Sie erleben auch, dass viel Arbeit

hinter all dem steckt. Und: Sie packen mit an. Mal mit mehr Begeisterung, mal mit weniger. Aber sie erfahren, dass man gemeinsam um einiges schneller mit den Aufgaben fertig werden kann – und dass wir letztlich alle etwas davon haben. Trotzdem ist es wichtig, das alles auch einmal ein Stück weit hinter sich lassen zu können und sozusagen den Horizont zu erweitern. Das kann eine Wanderung hier in den Bergen sein, aber auch ein Schwimmbadbesuch am Nachmittag oder eine Fahrradtour auf dem Radweg unten im Tal. Was aber auch guttut: ein gründlicher Tapetenwechsel.

Sehnsucht nach Meer

Manchmal fahren wir einfach ans Meer. Es sind etwas mehr als drei Stunden bis nach Italien ans Mittelmeer und es tut gut, mal die Sonne dort zu tanken, ein wenig im Wasser zu planschen, Muscheln zu sammeln oder einfach mit nackten Füßen im Sand zu spazieren und ein Eis zu genießen. Nach ein paar Stunden fahren wir wieder zurück. Müde zwar von der langen Autofahrt innerhalb eines Tages (schließlich warten die Tiere), aber diese spontanen kleinen Auszeiten sind uns kostbar. Immer wieder versuchen wir, neue Ziele zu finden, um sie gemeinsam mit den Kindern zu entdecken. Manchmal im Geburtsland meines Mannes, in Polen, aber immer wieder auch ein schönes Plätzchen anderswo. Unsere finanziellen Mittel sind nicht gerade

> Manchmal mache ich mir Gedanken darüber, wie es wohl für unsere Kinder ist, hier aufzuwachsen.

ausgiebig vorhanden, aber wir spüren: Es braucht gar nicht viel Luxus. Viel mehr tut es gut, gemeinsam diese kleinen Auszeiten zu genießen. Was es dazu braucht, ist allerdings jemand, der in der Zwischenzeit unseren Hof betreut. Wir haben großes Glück mit einer Freundin, die das gerne übernimmt und unsere Tiere verwöhnt, während wir ein paar Tage neue Eindrücke sammeln. Es ist ein Segen, eine so gute Betreuung für unseren Hof zu haben. Wir können ganz ruhig für ein paar Tage verreisen und wissen alles, was sonst unser Leben prägt, in guten Händen. Es ist erstaunlich, wie sehr dieses Wegfahren einerseits mit seinen vielen

> **Sie erfahren, dass man gemeinsam um einiges schneller mit den Aufgaben fertig werden kann – und dass wir letztlich alle etwas davon haben.**

neuen Eindrücken guttut und den Horizont erweitert – und wie andererseits beinahe gleichzeitig auch große Dankbarkeit für unser Leben, wie es hier in den Bergen ist, spürbar wird. Wir genießen den Trubel anderswo, neue Sprachen und Landschaften und freuen uns aber auch an dem Zuhause, das wir haben. Es ist schön, wieder nach Hause zu kommen.

Flüssiges Gold

Als unser erstes Bienenvolk bei uns einzog, war die Freude groß. Es ist eine eigene Wissenschaft und vermutlich gibt es mindestens so viele Theorien zur Bienenhaltung wie es Imker gibt. Es ist wichtig, dass man sich über Bienen Gedanken macht. Auch wenn in unserer Gegend sehr viele Imker zu finden sind und die Landwirtschaft weitgehend ohne großflächige chemische Behandlung gestaltet wird, so gibt es trotzdem auch hier für die Bienen und andere Insekten Herausforderungen. Vor allem die Wetterextreme der letzten Jahre mit langen Regenperioden, gefolgt von sengender Hitze oder starkem Wind sind für die Bienen schwierig.

> **Es ist wichtig, dass man sich über Bienen Gedanken macht.**

Es braucht viel Feingefühl durch den Imker, um abzuschätzen, ob „zugefüttert" werden muss oder nicht.

1
Auf zum See!

2
Ein Tagesausflug ans Mittelmeer.

3
Balancieren am Wasserfall.

4
Kletterpartie in den Bergen.

Über den eigenen Tellerrand blicken

Für uns als Biobetrieb ist es gar nicht anders möglich, als mit biologisch erzeugtem Zucker das Futterwasser zu bereiten. Dies ist ziemlich kostspielig, aber wir sind überzeugt davon, dass es im Blick auf das Bienensterben unabdingbar ist. In unserer Gegend werden keine Zuckerrüben angebaut. Weit entfernte große Flächen sind zumeist der Ursprung des Zuckers, bei dessen konventionellem Anbau nicht wenige Chemikalien eingesetzt werden. Das schmerzt – zumal sie einer der Gründe für die Überlebensschwierigkeiten von Bienen sind. Umso wichtiger – gerade als Imker – ist es, genau auf den Ursprung des Zuckers zu achten und dabei besonderen Wert auf die biologische Anbauweise zu legen. Das kostet meist mehr, denn es ist viel Arbeit notwendig, um die Rüben vom Beikraut zu befreien und für fruchtbaren Boden zu sorgen. Mit Chemikalien klappt das meist ziemlich schnell und vergleichsweise bequem.

Der Zuckeranbau ist ein gutes Beispiel dafür, wie eng Dinge zusammenhängen. Denn für die Bienen macht es einen überlebenswichtigen Unterschied, auf welche Weise angebaut wird. Die Bienen, die in den Gegenden mit industrieller Landwirtschaft leben, sind nicht „un-

> **Alles hängt auf irgendeine Art und Weise zusammen: Wir alle sind Schöpfung und leben mit- aber auch voneinander.**

sere" Bienen, aber alles hängt auf irgendeine Art und Weise zusammen: Wir alle sind Schöpfung und leben mit- aber auch voneinander. Unsere Bienen haben uns gelehrt, auch an die Bienen anderswo zu denken. Es ist wohl in vielen Bereichen des Lebens wichtig, immer wieder über den Tellerrand zu blicken und zu bedenken, dass wir alle miteinander auf irgendeine Art und Weise verbunden sind. Bienen lehren Geduld und ma-

1
Die Honigernte ist zwar nicht groß, aber köstlich!

2
Unsere bunt bemalten Bienenstöcke.

3
Ein einziger Teelöffel Honig ist die Lebensleistung von fünf Bienen.

4
Die Nachwuchsimkerinnen helfen bienenfleißig mit.

chen immer wieder deutlich, dass wir als Menschen die Natur kaum beeinflussen bzw. beschleunigen können – aber wir können in vergleichsweise kurzer Zeit sehr viel zerstören, das dann Jahre braucht, um sich zu regenerieren.

Vertrauen in die Natur

Ein Bienenvolk spürt selbst, was gerade vonnöten ist: ob es Zeit ist, neue Waben zu bauen, zu schwärmen oder neue Königinnenzellen zu bauen – darauf hat der Mensch kaum Einfluss. Was wir tun können, ist, möglichst gute Lebensbedingungen zu schaffen und dies nicht nur als Imker, sondern auch im täglichen Leben. Menschen haben so viele Möglichkeiten, das, was ihnen wichtig ist, durch ihr Handeln zu beeinflussen: in der Natur, im eigenen Garten, beim Einkauf ... Wichtig ist dabei, in großen Zusammenhängen zu denken und nicht nur den eigenen, kleinen Lebensbereich im Blick zu haben: mit jedem Stück Obst oder Gemüse, das ich kaufe, treffe ich auch eine Entscheidung für die Umwelt im Anbaugebiet.

Der Honigertrag ist bei uns bescheiden. Hauptsächlich auf Grund der Witterung und des vergleichsweise geringen Futterangebots in der Bergwelt – aber auch, weil wir das Füttern mit Zuckerwasser auf ein Minimum beschränken. Honig ist natürlich etwas ganz Besonderes – und das „Ernten" des Honigs ein Erlebnis für die ganze Familie. Es ist uns im Blick auf unsere Bienen aber vor allem wichtig, dass es ihnen gut geht,

> Menschen kommen zusammen und schaffen so neue Erinnerungen, die an kalten Wintertagen wärmen.

ihr Lebensraum geschützt wird und sie so auch zur Artenvielfalt der vielen Blumen, Kräuter und Pflanzen ringsum auf unserem Hof beitragen. Honig ist wertvoll, und nicht umsonst spricht so mancher von „flüssigem Gold": Es ist nicht selbstverständlich, dass wir diese Kostbarkeit der Natur genießen können.

Hoch-Zeiten

Der Sommer ist jene Zeit, in der besonders gut spür- und sichtbar wird, wie viel in der Natur steckt. Das Gefühl entsteht, dass alles gleichzeitig in der Fülle des Lebens steht. So ist es nicht verwunderlich, wenn man an lauen Sommerabenden besonders gerne noch zusammensitzt und auch Feste in dieser Jahreszeit gefeiert werden.

Feiern bedeutet nicht immer großen Aufwand – manchmal ergeben sich ganz spontan Möglichkeiten, das Leben zu feiern. Das gemütliche Beisammensein nach getaner Arbeit zählt für mich schon dazu. „Ohne Grund" etwas Besonderes zu backen oder zu kochen,

> Momente, in denen man spürt, wie wichtig und schön es ist zu leben. Das darf gefeiert werden!

kann Anlass für ein kleines Alltagsfest sein, und aus einem kleinen Lagerfeuer am Abend kann ein nächtliches Sommerfest mit Gitarrenspiel und Stockbrot werden. Auch Namens- oder Geburtstage, Gedenk- und Feiertage können Anlass sein, einige Stunden besonders zu genießen. „Feste soll man feiern, wie sie fallen", so sagt man. Das ist eine Ermutigung und Bestärkung, bewusst auch dem Miteinander im Leben Raum zu geben: Menschen kommen zusammen und schaffen so neue Erinnerungen, die an kalten Wintertagen wärmen. Der Sommer ist jene Jahreszeit, die immer wieder daran erinnert, welche Vielfalt und ja, auch welcher Reichtum in jedem Leben zu finden sind. Nicht im Sinne von materiellen Dingen, sondern vielmehr im Auskostendürfen von „Hoch-Zeiten": Momente, in denen man spürt, wie wichtig und schön es ist zu leben. Das darf gefeiert werden!

HERBST – mit erdigen
Händen beim
Funken schlagenden
Lagerfeuer

herbst

schimmernde
sonnenstrahlen
zwischen bunten blättern

sanftes knacken
wenn ein apfel
fällt
vom stamm

kalte nächte
die erinnern
wie wichtig sie ist

die zeit des übergangs

Herbstgefühl

Die Funken steigen hoch über den Flammen des Lagerfeuers hinauf in den Nachthimmel. Man hört das leise Kichern der Kinder, die rund um das Feuer laufen und über das Knacksen und Zischen lachen, wenn ein neues Stückchen feuchtes Holz in die Glut gelegt wird. In einiger Entfernung ist das tiefe Rufen eines Nachtvogels zu hören und bei genauem Hinsehen kann man in der Dunkelheit einen Siebenschläfer erkennen, der auf der Stromleitung entlangbalanciert. Am Ende der Erntearbeiten auf Baumstammstücken am erdigen Acker zu sitzen und auf langen geschnitzten Stöcken Würstchen in die warmen Flammen zu halten, ist der Moment, in dem tief drinnen spürbar wird: Jetzt ist Herbst. All die Aufgaben, die der Sommer mit sich brachte, werden nach und nach zur Ruhe gelegt und die Vorbereitungen für den Winter beginnen. Unser Herbstfeuer nach Abschluss der Kartoffelernte ist ein kleines Familienritual, das Jahr für Jahr den Herbst willkommen heißt. Mit ihm kommt einerseits das Gefühl, noch so manches vor dem Winter erledigen zu wollen – und andererseits wird immer deutlicher: Es ist eine Zeit des Abschiednehmens, des Ruhenlassens.

Wandel

Manchmal geschieht es über Nacht, dass sich die Blätter der Birken zu färben beginnen. Neben den Kirschbäumen sind sie die ersten, die anzeigen, dass die Natur schon beginnt, sich zur Ruhe zu begeben. Es gibt noch vereinzelt sommerlich warme Tage, aber morgens und abends ist es schon deutlich kühler, und an den Haken im Vorraum hängen schon die wärmenden, wolligen Jacken griffbereit in der Nähe der Gummistiefel mit wollenen Socken, die herauslugen und die kalten Füße beim Stallbesuch am Morgen und am Abend wärmen.

Ein Blick in die Geschichte

Es ist eine fast mystische Stimmung, wenn Nebelschwaden durch das Tal ziehen. Meistens am Morgen, wenn alles noch grau und ruhig wirkt. Das satte Grün der Berge im Hintergrund, mit einzelnen golden leuchtenden Lärchen darin, macht nachdenklich: Wie mag es wohl in früheren Zeiten hier gewesen sein? Vielleicht noch lange bevor hier Menschen lebten und die Natur in großer Freiheit wachsen konnte. In diese raue Gegend waren zuerst Bergarbeiter auf der Suche nach Gold gekommen, langsam bildeten sich erste

Am Ende der Erntearbeiten auf Baumstammstücken am erdigen Acker zu sitzen und auf langen geschnitzten Stöcken Würstchen in die warmen Flammen zu halten, ist der Moment, in dem tief drinnen spürbar wird: Jetzt ist Herbst.

kleine Siedlungen und die Menschen machten in mühsamer Handarbeit die waldige Landschaft zu Feldern, um etwas anbauen zu können und eine Weide für die Tiere zu haben. Was uns heute selbstverständlich erscheint und, wenn notwendig, durch starke Maschinen unterstützt wird, war früher jahrelange Arbeit. Harte, tägliche Aufgabe – um überleben zu können.

Herbstweide

Wir haben ein kleines Stück von unserem Hof entfernt einige Feldstücke gepachtet. Das Gras mähen wir dort und wir sind froh über dieses zusätzliche Heu. Wenn nach der ersten Mahd wieder alles gut nachgewachsen ist, beginnt das Zäunen und die Schafe dürfen auf ihre Weide – das ist meist am Ende des Sommers oder gar schon am Beginn des Herbstes, der mit seinen kühlen Nächten oft schon im August beginnt.
Das Spannendste daran ist das Treiben der Schafe dorthin. Es ist keine weite Strecke, aber eine immer neugierige und hungrige Herde entlang von saftigen Wiesen der Nachbarn weiter zu treiben, ist eine Herausforderung. Die ganze Familie ist dabei gut beschäf-

tigt. Während einer den Schafen vorangeht, braucht es vor allem entlang des Weges immer wieder jemanden, der die Schafe daran erinnert, auf der Straße zu bleiben und nicht Nachbars Klee zu verkosten. Leider sind wir keine richtigen Profis, denn die Schafe kommen uns immer wieder vom Weg ab. Es sind nicht mal zwanzig Minuten, aber es braucht absolute körperliche Fitness und hundertprozentige Aufmerksamkeit, um die Tiere wirklich dorthin zu bringen, wo ihre Weide ist. Das Tempo ist auch nicht zu unterschätzen, wir kommen ganz schön aus der Puste. Meistens sind wir völlig geschafft, wenn wir endlich das Tor schließen und die Tiere sich an dem frischen Gras auf unseren Pachtflächen erfreuen. Aber es ist auch ein Stück weit Ermutigung: Gemeinsam ist das zu schaffen.

Dankbarkeit

Das Erntedankfest hat hier für mich eine völlig neue Bedeutung bekommen. In der Stadt wirkte es fast ein wenig fremd, wenn da die Kirche mit Früchten, Gemüse und Getreide geschmückt wurde. Und doch war es ein kurzer Moment des Nachdenkens darüber, dass – wenigstens in früheren Zeiten – die Vielfalt der Nahrungsmittel ganz und gar nicht selbstverständlich ist. Hier fühlt sich das alles ganz anders an. Gar nicht mehr fremd und aufgesetzt. Die Erntekrone in der Kirche, die Prozession, das anschließende Beisammensein bei einem Erntedankfest – es fühlt sich anders an. Weil wir mittlerweile dem ein Stückchen nähergekommen sind, was in diesem Fest eigentlich steckt: der Dankbarkeit.

1
Der goldene Herbst zeigt sich zuerst an den Birken.

2
Nicht selten sieht der Herbst bei uns aber eher grau und nebelverhangen aus.

3
Am gemütlichen Lagerfeuer.

4
Die Schafe auf die Weide zu treiben, ist ein spannendes Unterfangen.

Dankbarkeit für unser Leben, für den arbeitsreichen aber auch sehr zufrieden machenden Sommer, für gesunde Tiere und ihren Nachwuchs, für eine gute Ernte. Denn auch wenn wir nicht unbedingt davon abhängig sind, so ist es doch schmerzlich, wenn die Ernte nicht gut ausfällt. Es steckt viel Arbeit hinter jeder einzelnen Kartoffel, die wir aus der Erde graben können, oder den Bohnen, die im Garten ranken und einer Gemüsesuppe das gewisse Etwas verleihen. Das Heu trocken in der Scheune zu wissen, beruhigt bei dem Gedanken an kalte, schneereiche Wintertage. Und auch wenn es hier schon Jahre gab, in denen Wühlmäuse die Kartoffeln schneller entdeckt hatten, als wir graben konnten, oder Hagel die bunte Vielfalt im Garten beschädigte und die sommerliche Extremhitze nur wenig wachsen ließ, so markiert das Erntedankfest doch einen wichtigen Punkt: jenen, an dem wir erkennen, dass nicht alles in unseren Händen liegt und unser Vertrauen manches Mal auch herausgefordert ist. Es tut gut, sich als Teil eines großen Ganzen zu wissen, in dem nicht menschliche Willkür das Sagen hat, sondern einer da ist, der es – auch wenn es aus unserer Sicht nicht immer so einfach ist zu verstehen – doch gut mit uns meint.

Holz vor der Hütte

In der kleinen Wohnung, in der wir als junges Paar gelebt hatten, gab es Zentralheizung. Man drehte auf und schon wurde es warm. Es war eine ziemliche Umstellung für uns. Besonders im ersten Jahr, in dem wir nur Holzöfen in Küche und Schlafzimmer besaßen, stellten wir fest: Wärme war hier im Haus keine Selbstverständlichkeit. Im Laufe des Herbstes begannen wir damit, uns auf die Suche nach Holz zu machen. Holzstämme wurden uns geliefert – spalten mussten wir jedoch selbst. Das war ein ziemliches Abenteuer: Mit der Motorsäge größere Stücke abzusägen, war das eine, jedoch diese dann in kleine Scheite zu spalten, eine völlig andere Sache. Mit einer alten Axt aus dem Fundus meines verstorbenen Großvaters wurde Holzscheit für Holzscheit in mühseliger Arbeit geschlagen.

Arbeitshilfe

Ziemlich überrascht waren wir, als eines Nachmittags ein Nachbar mit seinem Traktor zu uns auf den Hof kam und uns seinen Holzspalter vorbeibrachte. Er hatte ein wenig Mitleid mit uns, wie wir uns mit der Axt plagten, um zu ein paar wenigen Holzscheiten täglich zu kommen. Wir staunten: Bis dahin hatten wir von der Existenz eines solchen Gerätes gar nicht gewusst! Und unseren Nachbarn lernten wir so auch kennen – eine schöne Begegnung. Das ist etwas, das uns immer wieder begleitet hat, allen Schwierigkeiten

Wärme war hier im Haus keine Selbstverständlichkeit.

zum Trotz: Immer wieder gab es Menschen, die ganz unverhofft geholfen und unterstützt haben.
Der Holzspalter war ein famoses Teil: Die Scheite fielen scheinbar mühelos zu Boden und konnten gestapelt werden. Es war dann auch eines unserer ersten Geräte (kurz nach der Motorsäge), die wir hier kauften – noch ganz ohne Plan, jemals selbst den Hof zu bewirtschaften. Aber Holz brauchten wir – denn der Winter war offensichtlich nicht mehr weit und die kalten Herbstnächte waren eine Erinnerung daran, dass wir hier viel stärker in und mit der Natur lebten als zuvor.

Holz gibt es in der Gegend reichlich.

Alles schmeckt

Bei der Obsternte gibt es nicht nur „schöne" Früchte. Vor allem bei den Äpfeln sind immer wieder welche mit dicken Furchen, kleinen Löchern und anderen Schadstellen. Sie sind zwar nicht besonders schön anzusehen, schmecken aber fantastisch. Die beschädigten Stellen werden weggeschnitten und landen auf dem Komposthaufen (den wiederum die Hühner sehr zu schätzen wissen). Die restliche Frucht kann man frisch genießen oder auch als Kompott, Bratapfel oder in einem Kuchen verarbeitet.

Apfelkuchen

200 g Mehl
125 g Butter
½ Pck. Backpulver
75 g Zucker
1 Ei
1 EL Milch

5–6 säuerliche Äpfel
Zimt

Butter in das Mehl schneiden, restliche Zutaten dazugeben und zu einem glatten Mürbeteig kneten. Den Teig in zwei Teile teilen. Den einen Teil ausrollen und in eine Keramikform legen, die Ränder dabei etwas hochziehen. Äpfel in Scheiben schneiden, auf den Teig legen und mit Zimt bestreuen. Dann den restlichen Teig ausrollen und auf die Äpfel legen, die Ränder mit dem unteren Teig zusammendrücken. Mit einer Gabel mehrmals den Teig einstechen. Bei 170 °C ca. 30–40 min backen.

Der Apfel fällt ... nicht weit vom Stamm

Hier am Hof gibt es einige sehr alte Apfelbäume. Sie tragen in jedem zweiten Jahr reichlich Früchte, die wir nicht nur sammeln, um sie zu essen, sondern auch zu Mus und Apfelsaft weiterverarbeiten. Fast jedes Mal sind dann Freunde dabei, die aus der großen Stadt anreisen und uns bei der doch sehr anstrengenden Arbeit unterstützen. Es ist schön, die Verbindungen aus der Zeit „vor" unserem Leben hier am Hof immer wieder spüren zu dürfen. Freundschaften verändern sich mit den jeweiligen Lebenssituationen, aber es tut gut, wenn sie bestehen bleiben und der Kontakt nicht deshalb abreißt, weil man in unterschiedlichen Lebensräumen zu Hause ist. Es fühlt sich ein wenig an, als würde man an den früheren Zeiten anknüpfen und sich gegenseitig durch die Verschiedenheit bereichern. Zuerst noch ohne Kinder, später mit abwechselnden Kinderbeaufsichtigungsabmachungen und mittlerweile mit tatkräftiger Hilfe von insgesamt sechs Kindern klappt das Sammeln der Äpfel schon ganz gut. In große Holzkisten werden die Äpfel gelegt – sortiert nach jenen, die zu Saft gepresst oder zu Mus und Gelee verarbeitet werden. Jene zum Lagern und Essen werden etwas später von Hand geerntet und nicht von den Bäumen geschüttelt.

Hoch hinauf

Es ist ein waghalsiges Experimentieren, wie man am einfachsten von den hohen Ästen die Äpfel zu Boden bringen kann: mit langen Stangen, die in die Äste gesteckt und dann hin und her bewegt werden – oder mit guten Schuhen hinaufklettern und die Äste schütteln, ohne selbst herunterzufallen. Dabei zuzusehen, ist spannend und manchmal auch ein wenig besorgniserregend. Die Idee, bei dieser Arbeit einen Helm zu tragen, kam den kräftigen Männern schon öfters zugute, wenn ein Apfel von hoch oben direkt auf ihrem Kopf landete.

Das Aufsammeln der Früchte im Gras rings um den Baum ist nicht immer so einfach. Die oft klein gewachsenen Früchte verstecken sich gut unter den Halmen und sind nicht selten gar nicht nahe beim Stamm zu finden, sondern springen noch weit im Feld hinunter: eine Art Ostereiersuche im Herbst – nur eben mit Äpfeln.

Es ist eine tagfüllende Aufgabe, wenn aus den Äpfeln auch noch Saft gepresst wird. Schon in den ersten Jahren als Bauern hier am Hof kauften wir eine Wasserdruckpresse und machen seitdem unseren eigenen Apfelsaft. Zuerst werden die Früchte zur Zerkleinerung durch eine Art Mühle gedreht und dann in die Presse gefüllt, wo das Wasser eine Art Ballon füllt, der die Apfelstücke gegen ein Metallgitter presst. Der herausfließende Saft rinnt schließlich in einen Behälter ab.

Es schmerzt, dass die uns so wertvollen Apfelbäume in den letzten Jahren sehr unter Naturereignissen gelitten haben: ein starker Sturm und zwei Winter mit Starkschnee-Ereignissen ließen viele Äste brechen und abknicken. Wir hüten diese Bäume wie einen kleinen Schatz hier am Hof, aber es wird offensichtlich, dass es jetzt an uns ist, neue Setzlinge zu pflanzen, um für kommende Jahre wieder eine gute Ernte zu ermöglichen.

Wwwwaaas?

In unseren Anfangsjahren als Bauer und Bäuerin hatten wir immer wieder interessante Besucher aus den benachbarten Ländern. Wir hatten unseren Hof bei „WWOOF"

angemeldet, einer Organisation, die es Menschen ermöglicht, auf Bauernhöfen gegen Kost und Logis mitzuarbeiten. Das schien uns ein gutes Konzept zu sein und wir freuten uns auf unsere Besucher. Mit den allerersten Wwoofern hatten wir großes Glück: Die bei-

> Wir hüten diese Bäume wie einen kleinen Schatz hier am Hof, aber es wird offensichtlich, dass es jetzt an uns ist, neue Setzlinge zu pflanzen, um für kommende Jahre wieder eine gute Ernte zu ermöglichen.

den hatten schon viele Monate einer Europarundfahrt mit ihrem kleinen Bus, in dem sie auch schliefen, hinter sich und in dieser Zeit vielfältige Erfahrungen auf Bauernhöfen und Plantagen gesammelt. Die beiden waren fröhlich, interessiert und vor allem unheimlich

fleißig. Wir mussten sie in ihrem Eifer beinahe ein wenig bremsen und sie regelrecht dazu ermutigen, auch ein wenig die schöne Umgebung hier zu erkunden und zu genießen. Noch heute ist die Arbeit der beiden zu sehen: Fast alle Bretterzäune, die unseren Hof umgeben, wurden von ihnen aufgestellt. Leider gibt es aber auch Menschen, die das WWOOF-Programm wohl hauptsächlich als billige Urlaubsmöglichkeit sehen. Einige davon konnten wir auf unserem Hof kennenlernen – eine ziemlich herausfordernde Erfahrung. Wir stehen zeitig auf und unsere Tage sind mit vielfältigen Aufgaben gefüllt – so mancher Wwoofer schlief allerdings bis Mittag, aß Unmengen und mit der Unterstützung bei der Arbeit war es auch nicht weit her. Einmal hatten wir im Herbst die Aufgabe, das Sauerkraut zu bereiten – dazu brauchte es natürlich auch die Ernte der Krautköpfe. Als unser WWOOF-Gast allerdings die erste Schnecke zwischen den Krautblättern entdeckte, war es vorbei: Nicht ein Stück Gemüse wurde mehr berührt, und das Sauerkraut zu schneiden, war wieder unsere Aufgabe.

1
Waghalsige Kletterei im Apfelbaum.

2
Kistenweise Früchte zum Weiterverarbeiten.

3
Bei den kleineren Apfelbäumen klappt die Ernte auch mit der Leiter.

83

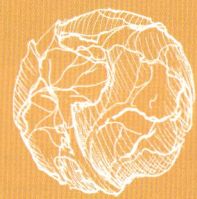

Eingeweckt

Es gibt viele alte Rezepte, die daran erinnern, wie wichtig eine ausgewogene Ernährung ist. In Zeiten, in denen es nicht einfach alles zu jeder Zeit in einem Geschäft zu kaufen gab, war das Konservieren von frischen Lebensmitteln wichtig. Auch wenn sich in einer großen Familie große Mengen anbieten würden, so hat das Haltbarmachen von Gemüse und Obst in Gläsern, die portionsweise verwendet werden können, einen besonderen Reiz. Außerdem braucht es oft nur eine kleine Menge als Beilage.

Sauerkraut im Glas

1 Kohlkopf
1 EL Salz
abgekochtes Wasser
gut verschließbare
  Schraubgläser

Kohl mit dem Krauthobel oder einem scharfen Messer fein kleinschneiden. Das geschnittene Kraut mit Salz vermischen und in einer Schüssel festdrücken, dabei tritt etwas Flüssigkeit aus. Das Kraut ohne die Flüssigkeit in die Gläser geben (nur zu ¾ füllen) und festdrücken. Nun mit warmem Wasser (zuvor abgekocht und dann abgekühlt) aufgießen, bis das Kraut gut bedeckt ist, und fest (!) verschließen.
Etwa zwei Wochen bei Raumtemperatur stehen lassen. Bläschen steigen auf, der Deckel wölbt sich. Anschließend mind. sechs Wochen dunkel und kühl lagern. Danach kalt oder gekocht genießen. Sauerkraut im Glas ist mindestens ein Jahr lang haltbar.

Interessante Erfahrung

Nachdem wir uns vom WWOOF-Programm wieder abgemeldet hatten, gab es trotzdem immer wieder interessierte Touristen, die gerne ein wenig mithelfen wollten. Sie hatten uns beim Wandern in der Umgebung beobachtet – Rechen haben wir ausreichend und so freuten wir uns auf tatkräftige Hilfe.

Einmal kam ein junger Mann bei einer Wanderung vorbei, der gerne etwas mithelfen wollte, im Tausch gegen ein paar Frühäpfel, die schon von den Bäumen leuchteten. Gemeinsam mit den Kindern waren wir an diesem Tag auf dem Feld zugange und weitere helfende Hände waren sehr willkommen. Jedoch war nach etwa 30 Minuten Schluss mit der Hilfe. Es sei einfach zu harte Arbeit, so unser „Unterstützer". Die Kinder staunten nicht schlecht: eine halbe Stunde und das war zu anstrengend? Äpfel konnte unser Kurzzeithelfer trotz-

> Die Kinder staunten nicht schlecht: eine halbe Stunde und das war zu anstrengend?

dem mitnehmen – aber die restliche Zeit, die wir auf dem Feld verbrachten, kommentierten die Kinder diese interessante Erfahrung. Unvorstellbar für sie, dass man die Arbeit nicht gemeinsam zu Ende bringt.

Deutliche Zeichen

Es war ein großes Glück, dass wir an jenem Tag alle zu Hause waren. Wir verbrachten den Tag mit Haus-

arbeiten, Spielen und Lesen. Die Tiere weideten trotz des Regens noch draußen und kamen dann gegen Abend zum Stallgebäude. Was erstaunlich war: Sie setzten alles in Bewegung, um die geschlossene Tür zu öffnen. Das war wirklich seltsam, denn normalerweise war es schwierig, die Tiere für den Stall zu begeistern – viel lieber verbrachten sie Tag und Nacht draußen im Freien. Als wir sie endlich einließen, gingen alle Tiere zur Südseite des Stallgebäudes. Sie interessierten sich nicht für das Futter oder das frische Wasser. Alle versammelten sich an der Wand und bewegten sich kaum. Rückblickend wissen wir, dass das schon ein Zeichen für das war, was uns in dieser Nacht noch erwarten würde.

Abendessen bei Kerzenschein

Wir saßen gerade beim Abendessen, als mit einem Mal ein Heulen zu hören war. Eine Windböe rüttelte am Haus und pfiff um die Ecke. Mein Mann meinte,

> Ich suchte eine Kerze, stellte sie auf den Küchentisch und sagte den Kindern, dass sie weiteressen sollten.

er würde noch mal kurz hinausgehen und auf die Bienenstöcke jeweils einen großen Stein legen, damit der Wind sie nicht abdeckte. Er zog sich an und verließ das Haus. Wir dachten uns nichts dabei, bis es – einige Minuten später – keinen Strom mehr gab. Wir saßen im Finsteren. Ich suchte eine Kerze, stellte sie auf den Küchentisch und sagte den Kindern, dass sie weiteressen sollten. Selbst ging ich zur Haustür und wollte nach meinem Mann sehen, da ich durch das Fenster hindurch nichts erkennen konnte. Es war einfach schon zu dunkel. Regentropfen peitschten gegen die Scheiben, sodass ich auch mit einer Taschenlampe nicht hinausleuchten konnte.

Tiere sind sehr sensibel für feine Veränderungen, die Menschen nicht spüren.

Als ich nun die Haustüre öffnete, erschrak ich. Draußen tobte ein Sturm, wie ich noch niemals einen erlebt hatte. Man hörte dunkles Grollen und ich war in Sorge, ob sich nicht eine Mure gerade den Weg zu uns herunter bahnte. Auch knackte es bedrohlich, als würden Bäume brechen. Ich rief nach meinem Mann, aber der Wind schluckte jeden Laut. Ich konnte noch nicht mal selbst hören, was ich rief. Ich war erleichtert, als mein Mann nur wenige Minuten später hereingelaufen kam und rief, dass er es gar nicht bis zu den Bienen geschafft hatte, weil der Wind so stark gewesen sei.

Unruhige Stunden

Im ersten Moment waren wir ratlos: Was sollten wir tun? So etwas hatten wir nicht erwartet und uns auch nicht darauf vorbereitet. Wir suchten nach Taschenlampen, Batterien und Zündhölzern. Jedem Kind drückten wir eine Taschenlampe in die Hand, holten alle Matratzen aus den Kinderzimmern und machten ein Lager im mittleren Stock. Unten schien es uns zu gefährlich, falls tatsächlich eine Mure ins Haus rut-

Jedes Kind schlief mit seinen Schuhen, einer warmen Jacke und Mütze neben der Matratze – wir wussten ja nicht, ob wir nicht von einem Moment auf den anderen das Haus würden verlassen müssen.

schen sollte. Ganz oben war es uns auch unheimlich, da wir Sorge hatten, dass der Wind das Dach abtragen oder zumindest stark beschädigen könnte. Dass schon etwas kaputt war, hatten wir entdeckt, und unzählige Eimer und Töpfe aufgestellt, um das eindringende Regenwasser vom Dach aufzufangen, das die Balken entlang ins Haus hereintropfte.

Eines der erschreckendsten Geräusche in jener Nacht war der Zivilschutzalarm. Unser ganzes Leben über hatten wir diesen Ton bislang nur bei Probealarmen gehört, nie jedoch in einer gefährlichen Situation. Nun kreischte der langanhaltende Sirenenton durch das Tal, verzerrt durch Windböen. Über die Mobiltelefone war kein Empfang möglich: Handynetz und Internet waren nicht mehr aktiv.

Als wir endlich den regionalen Radiosender auf einem kleinen (Gottseidank aufgeladenen) MP3-Player unserer Tochter gefunden hatten, waren die Nachrichten wenig beruhigend: Der Kontakt zu den Gemeinden hier war abgebrochen. Man hatte keine Informationen und rief die Bevölkerung auf, in den Häusern zu bleiben und sich dort an einer sicheren Stelle aufzuhalten. Die Kinder versuchten wir zu beruhigen und waren froh, dass sie trotz aller Aufregung irgendwann einschliefen. In ihrer Kleidung, jedes Kind mit seinen Schuhen, einer warmen Jacke und Mütze neben der Matratze – wir wussten ja nicht, ob wir nicht von einem Moment auf den anderen das Haus würden verlassen müssen. Aber die Kinder schliefen und das entlastete uns Eltern doch ein wenig, denn wir hatten definitiv große Angst. Wir standen am Fenster unseres Schlafzimmers und blickten hinüber zum Wald. Schnell stellten wir fest, dass sich etwas verändert hatte: Es waren keine Umrisse von Bäumen mehr zu sehen und im Hintergrund sahen wir den Nachthimmel rot erleuchtet. Wir waren beunruhigt. Vor allem als wir den Eindruck hatten, lodernde Flammen zu erkennen. Was war bloß geschehen? Wo brannte es? War es im Wald? Konnte das Feuer bis zu uns gelangen?

Die ganze Nacht über tobte der Sturm. Wir legten uns zwar ins Bett, ließen dabei jedoch das Radio leise laufen und hofften auf neue Informationen. Aber ohne Internet, ohne Handyempfang und abgeschnitten durch verlegte Straßen und Wege, kamen auch keine Informationen zu uns durch.

Der nächste Morgen

Als es morgens dämmerte, sahen wir, dass der Wind nachgelassen hatte. Es regnete leicht und als wir aus dem Fenster blickten, erschien es uns auf den ersten Blick wie ein böser Traum. Auf der anderen Talseite gab es einige wenige Bäume, die in den Feldern lagen. Man konnte keine großen Schäden erkennen. Aber als wir den Blick zu unserer Seite richteten, erschraken wir: kaum noch ein Stück Wald stand. Alles lag – umgeknickt wie Streichhölzer – am Boden. Häuser waren abgedeckt, meterhohe Bäume in den Wäldern entwurzelt und umgestürzt, ganze Holzzäune lagen am Boden. Schwere Lärchenbretter, die die Wucht des Windes einfach aus dem Boden gerissen und über viele Meter hinweg geschleift hatte. Unfassbare Kräfte mussten da am Werk gewesen sein.

Den Tieren im Stall war nichts geschehen. Sie standen bei der Stalltür und drängten nach draußen. Sie wussten wohl, dass alles schon vorüber war – wir aber trauten der Stille nicht. Wir staunten über die Feinfühligkeit unserer Tiere: Sie hatten das Unwetter offensichtlich gespürt. Warum sonst hatten sie sich an der Südseite des Stalls zusammengedrängt: Ziegen, Schafe, Hühner … alle. Der Sturm war von Norden her quer über die nordwestliche Talseite gefegt und hatte eine Spur der Verwüstung hinterlassen.

> Der Sturm war von Norden her quer über die nordwestliche Talseite gefegt und hatte eine Spur der Verwüstung hinterlassen.

Wir beobachten unsere Umwelt seit diesem Erlebnis viel intensiver. Wenn die Tiere in den Stall drängen, obwohl wir Menschen nichts erkennen können, achten wir nun sorgsam darauf und fragen uns, ob wir vielleicht etwas nicht wahrgenommen haben, was unsere Tiere aber spüren.

1
Nach dem Sturm lagen etliche Bäume in den Feldern.

2
Mühsam errichtete Zäune stehen nicht mehr.

3
Große Bäume wurden entwurzelt.

Bleibende Erinnerung

Nicht nur für die Kinder ist diese Nacht eine, die in Erinnerung bleibt. Ich denke, es ist das erste Mal, dass wir eine so bedrohliche Situation erlebt haben. Ein solches Sturmtief gibt es kaum jemals hier, manche sprechen davon, dass das nur alle 100 Jahre vorkommt. Aber Wetterextreme nehmen zu – so viel spüren wir hier, wenigstens in den letzten zehn Jahren. Dass es in den nächsten Jahren zu weiteren bleibenden Erinnerungen kommen sollte (wenn auch anderer Natur), hätten wir damals nicht für möglich gehalten. Es dauerte ein ganzes Jahr, bis wir hier am Hof wirklich alle Schäden behoben hatten. Vor allem das Entfernen der entwurzelten Nadelbäume war eine Herausforderung, und vieles, das wir in mühsamer Arbeit geschaffen hatten, musste nun erneuert werden. Eine einzige Nacht, nur wenige Stunden, hatten ganz unmittelbar aufgezeigt, wie wenig der Mensch doch eigentlich vermag angesichts von Naturgewalten. Es gab zwei Dinge, die der Sturm allerdings unberührt gelassen hatte: die Bienenstöcke ringsum und die Wegkreuze. Es schien gerade so, als hätte der Wind einen Bogen um diese kostbaren Plätze gemacht.

Ein altes Bild

Als ich im Grundschulalter war, gab es „Freundebücher", in denen sich Klassenkameraden eintrugen und meist auch ein Foto oder eine Zeichnung hinterließen. Meines war ein blaues Buch mit einer Maus darauf,

> Als wir hierherzogen, erinnerte ich mich wieder an das Bild. Mittlerweile wusste ich auch, wo dieser See zu finden war: nämlich hier in der Nähe, allerdings hoch oben in den Bergen.

und selbstverständlich wollte ich darin auch meinen Großvater verewigen. Ich weiß noch heute, dass er nicht recht wusste, was das für ein seltsames Buch sein sollte. Aber er füllte brav alle Zeilen aus und klebte sogar ein Foto dazu: eines, wo er an einem See hoch oben in den Bergen auf einem Felsen am Ufer saß.

1
Mein Opa am Wangenitzsee. Dieses Bild klebte er in mein Freundebuch.

2
Und das bin ich am See. Zwar nicht ganz an der gleichen Stelle wie mein Opa, aber doch ziemlich nahe.

3
Unverhofft haben wir die weite Wanderung geschafft.

Ich bewunderte dieses Bild und wollte selbst gerne einmal diesen Ort sehen. Aber mit den Jahren verblasste die Erinnerung daran und nur ab und an, wenn mir das alte Freundebuch aus meiner Kindheit in die Hände fiel, wurde die Sehnsucht für einen kurzen Moment wieder spürbar.

Gut zu Fuß

Als wir hierherzogen, erinnerte ich mich wieder an das Bild. Mittlerweile wusste ich auch, wo dieser See zu finden war: nämlich hier in der Nähe, allerdings hoch oben in den Bergen. Mit den Kindern wanderten wir jedes Jahr ein kleines Stück im dortigen Almgebiet und sahen die Beschilderungen, die anzeigten, dass wir letztlich nur immer hinauf würden gehen müssen, um beim Bergsee zu landen. Aber die Kinder waren klein und mehr als eine halbe Stunde Fußmarsch war undenkbar. Als unser jüngstes Kind knapp vier Jahre alt war, starteten wir unsere ersten Versuche, die Wegstrecke etwas zu verlängern. An einem frühen Morgen machten wir uns auf den Weg mit dem Ziel, einfach so weit zu gehen, wie es die Kinder schaffen würden. Danach wollten wir jausnen (einen gut gefüllten Rucksack trugen wir mit) und wieder nach Hause wandern. Als Orientierung für den Umkehrpunkt sollte unser

> An einem frühen Morgen machten wir uns auf den Weg mit dem Ziel, einfach so weit zu gehen, wie es die Kinder schaffen würden.

Sohn dienen, immerhin war er der Kleinste. Nun kam es jedoch so, dass ausgerechnet er immer weiterwanderte. Gemeinsam mit seinem Papa ging er Meter für Meter immer weiter hoch. Mit den drei Mädchen im Schlepptau versuchte ich, den beiden Männern nachzukommen. Jedoch drückte mal hier ein Schuh, dann wieder wollte jemand nicht weitergehen oder hatte plötzlich großen Durst. Ich war verzweifelt: Unsere beiden Männer entfernten sich immer weiter von uns

und winkten fröhlich von weiter oben. Die Mädchen hatten aber kein Interesse weiterzugehen. Letztlich startete ich eine „Pflaster-Aktion" und klebte an alle möglichen drückenden Stellen an den Füßen Pflaster auf, gab jedem Kind etwas zu trinken und eine kleine Süßigkeit – und hoffte, dass sie so besser weiterkommen würden.

Glückliche Einkehr

Je höher wir kamen, umso motivierter wurden auch die Mädchen. Der Ausblick war phänomenal und wir waren wirklich weit und breit die einzigen Menschen unterwegs. Immer wieder begegneten uns Schafe, die hier noch weideten, kurz bevor die Almsaison endete, und irgendwann sahen wir eine Hütte. Hoch oben thronte sie auf einem Felsen – und wir wussten: Hier musste auch der See sein.
Ich erinnere mich noch heute an die ungläubigen Bli-

> Der Ausblick war phänomenal und wir waren wirklich weit und breit die einzigen Menschen unterwegs.

cke, als wir die Gaststube betraten. Nach und nach kamen unsere Kinder bestens gelaunt herein, eines kleiner als das andere, und setzten sich. Nachdem wir Eltern ja nicht geplant hatten, in einer Hütte einzukehren, begannen wir zu zählen, wie viel Geld wir überhaupt in unseren Geldtaschen dabei hatten, um wenigstens etwas für die tapferen Kinder bestellen zu können. Es reichte für eine kräftige Suppe für jedes Kind. Sie waren überglücklich und wir verbrachten noch einige Zeit draußen rings um den See und genossen die Aussicht.

Astwerk

Im Herbst werden Bäume und Sträucher zurückgeschnitten. Klein gehäckselt sind die Äste dann gutes Bodenabdeckmaterial oder dienen als Füllung für die Hochbeete. Feines, trockenes Astwerk eignet sich auch zum Anheizen des Holzofens. Manchmal gibt es aber besonders schöne Äste, die für kreative Arbeiten aufzuheben lohnt. Und auch sonst hält die herbstbunte Natur immer wieder kleine Besonderheiten bereit.

Spaziergangs-Windspiel

Bei Herbst-Spaziergängen kann man vieles entdecken: Hagebutten, Zapfen, Steine, leere Schneckenhäuser, besondere Holzstücke, bunte Blätter, Federn ... Ein klein wenig dieser herbstlichen Schönheit für zu Hause kann man durch das Gestalten eines Windspiels für längere Zeit erhalten. Dazu werden die gesammelten Herbstschätze an einer längeren Schnur nacheinander festgeknotet. Mit einem kleinen Handbohrer können auch Löcher zum Auffädeln der einzelnen Fundstücke gebohrt werden. Aus dem herbstlichen Windspiel kann ein Jahres-Windspiel entstehen, wenn immer wieder neue Fundstücke dazu gehängt werden.

Naturbild

Ein Naturbild lässt sich gut auf einem größeren Stück Rinde oder Holz an einem windgeschützten Platz auflegen. Immer wieder können die einzelnen Fundstücke ausgetauscht oder ergänzt werden.

Herbstlicht

dünne Aststücke (Weide,
    Weinrebe, Hasel ...)
Gartenschere
Marmeladenglas
Heißkleber
evtl. Drahtstück oder Band
Kerze

Die Aststücke werden mit einer Gartenschere in unterschiedliche Längen geschnitten, passend zur Höhe des Marmeladenglases. Anschließend wird Stück für Stück auf das Glas geklebt. Wenn gewünscht, kann ein Band oder ein Stück Draht rund um das beklebte Glas gebunden werden. Eine kleine Kerze mittig im Glas platziert, lässt das Licht sanft durch die Aststücke schimmern.

Das Hinuntergehen war deutlich schneller erledigt als das Hinaufwandern zuvor, aber wir waren sehr dankbar, dass da Leute bei einem kleinen Almhäuschen ungefähr in der Mitte des Weges waren. Beim Hinaufgehen war alles noch verschlossen gewesen, aber nun konnten wir einen kurzen Moment rasten und ins Gespräch kommen. Auch die Hüttenbesitzer staunten nicht schlecht, wohin wir uns mit unseren vier noch so kleinen Kindern gewagt hatten. Und rückblickend können wir es eigentlich gar nicht fassen, dass wir das wirklich geschafft haben – ganz ungeplant! Ein Fall von „manchmal kommt es besser, als man denkt" ...

Sehnsuchtsort

Es war wie die Erfüllung einer kleinen Sehnsucht tief im Inneren: Wir waren dort oben an einem Ort gewesen, der mich an meinen Großvater erinnerte. Als er starb, war ich sieben Jahre alt, und mit seinem Tod ging auch meine glückliche Zeit hier am Hof bei den Großeltern zu Ende. Er war der erste Mensch, den ich

An diesem Bergsee auf einem Stein zu sitzen und über die glatte Wasserfläche zu blicken, in der sich die Wolken und der Himmel spiegelten, fühlte sich ein klein wenig so an, als wäre es ein guter Ort, um ihm zu danken: Für alles, was er geschaffen hatte.

schmerzlich vermisste. Obwohl es fast dreißig Jahre später war, dass ich an diesen Sehnsuchtsort vom Foto kam, war es wie das Erfüllen eines (mir selbst gegebenen) Versprechens: Ich saß an einem Platz, der mich – obwohl ich nie zuvor dort gewesen war – mit meinem Großvater verband. An diesem Bergsee auf einem Stein zu sitzen und über die glatte Wasserfläche zu blicken, in der sich die Wolken und der Himmel

spiegelten, fühlte sich ein klein wenig so an, als wäre es ein guter Ort, um ihm zu danken: Für alles, was er geschaffen hatte. Jahre, bevor wir überhaupt geboren worden waren, und Jahrzehnte, bevor wir überhaupt den Gedanken fassten hierherzukommen, auf diesen Hof, dessen Gebäude er gebaut und dessen Felder er bewirtschaftet hatte.

Warum warten?

Als mein Mann und ich uns kennenlernten war das an der Uni. Wir sprachen zwar kaum miteinander, saßen aber Woche für Woche in einem Seminar mit dem klingen-

Wir spürten, dass wir zusammengehörten

den Namen „credo" nebeneinander. Irgendwann kamen wir dann doch ins Gespräch und – ja: Hier sind wir! Wir heirateten nur wenige Monate nach unserem Kennenlernen, sehr zur Beunruhigung unserer Eltern. Aber wir spürten, dass wir zusammengehörten. Warum also warten?

Wir heirateten an einem sonnigen, warmen Septembertag in einer kleinen Kirche am Stadtrand meiner Geburtsstadt. Es war ein einfaches und sehr fröhliches Fest mit vielen Freunden aus aller Welt. Es ist eine wohltuende Erinnerung, daran zurückzudenken, auch weil an diesem Tag noch so viele Menschen dabei waren, die uns am Herzen liegen und die mittlerweile nicht mehr leben: meine Eltern, mein Schwiegervater, ein Onkel. Wenn man die Bilder betrachtet, erscheint dies so unwirklich: Von einem Moment auf den anderen kann ein vertrauter Mensch nicht mehr den Lebensweg begleiten.

Ziemlich beste Freunde

Vieles ist in den knapp 15 Jahren unserer Ehe geschehen: Kinder wurden geboren, Menschen starben, es wurde getrauert und gefeiert – und vieles hat sich verändert oder ist neu dazugekommen. Ich bin dankbar für jeden einzelnen Tag unseres Miteinanders. Es gibt Zeiten, in denen sich alles gut anfühlt, und es gibt Momente, die schwer wiegen. Das Leben ist, wie es ist: voller Höhen und Tiefen – und Momenten, in denen der Alltag beruhigt. Manchmal denke ich, dass wir einander einfach die besten Freunde sind. Und es ist ein großes Geschenk, dass wir einander getroffen haben. An unserem ersten Hochzeitstag feierten wir die Taufe unserer ältesten Tochter. Vielleicht auch deshalb entstand die Idee, an jedem unserer Hochzeitstage ein Foto zu machen – in der Lebenssituation, in der wir uns eben gerade befinden. Und so finden sich in einem Album Fotos von jedem unserer Hochzeitstage: beginnend mit der Taufe unserer Ältesten. Jahr für Jahr kann man erkennen, wie sich unsere kleine Familie veränderte –

und ja, auch wie wir gealtert sind. Die Haare werden grauer oder weniger, die Gesichter sind lebensgeprägter und auch die Kinder, die uns geschenkt sind, blicken

> **Die Haare werden grauer oder weniger, die Gesichter sind lebensgeprägter und auch die Kinder, die uns geschenkt sind, blicken jedes Jahr anders in die Kamera.**

jedes Jahr anders in die Kamera. Jedes Jahr suchen wir einen kurzen Moment, in dem wir – meist mit Selbstauslöser – ein Bild von uns allen machen. Spannend, wie sich die Fotostrecke des Lebens weiterentwickelt!

1
Unsere Hochzeit – die Lust auf Grün ist schon da.

2
Der erste Hochzeitstag am Hof (insgesamt der zweite) mit unserer Tochter.

3
Der sechste Hochzeitstag mit vier Kindern.

4
Das erste Hochzeitstagsfoto (nach 14 Jahren) nur mit uns beiden.

Novembersonntag

Im Herbst wird der Kreislauf des Lebens besonders gut sichtbar. Aus der Vielfalt und Pracht des Sommers zieht sich das Leben langsam zurück. Blätter färben sich, Blumen verblühen, Windböen wirbeln die bunten Blätter von den Bäumen. Das Laub bedeckt den Boden und schützt ihn vor der Kälte des Winters. Hier kann in der Feuchtigkeit Erde entstehen und so den Weg für neues Wachstum öffnen. Die Natur zeigt, wie sehr alles zusammenhängt: das Leben, das Verabschieden, das Sterben ... die Zeit der Ruhe und das langsame Keimen von neuer Hoffnung und schließlich das kräftige Wachsen.

Durch meine Arbeit im Krankenhaus begegnet mir sozusagen jeden Tag der Herbst – die Zeit des Abschiednehmens im Leben eines Menschen. Ich begleite die Kranken und ihre Angehörigen ein Stück weit auf ihrem Weg. In Gedanken bin ich viel bei diesen Menschen – und doch ist es etwas ganz anderes, selbst Abschied nehmen zu müssen. Unverhofft.

Der Tod meiner Mutter war so ein Moment. Völlig unvorbereitet traf mich die Nachricht von ihrem Tod an einem kalten Novembersonntag. Es fühlte sich an, als wäre ich mit einem gewaltigen Schlag auf die „andere Seite" katapultiert worden. Eine ganze Woche funktionierte ich. Musste organisieren, telefonieren. Nicht im Geringsten wäre ich aufnahmefähig gewesen für die Anliegen der Menschen, die ich im Krankenhaus begleite. Es war, als hätte es mir den Boden unter den Füßen weggezogen. Ich glaube, in diesem Moment habe ich die „andere Seite" gespürt. Jene des Zurückbleibens.

Ein besonderes Miteinander

„Die Mutter war's, was braucht's der Worte mehr ...", schrieb mir eine Freundin und ich denke, es ist tatsächlich so. Es fehlen die Worte. Umso wertvoller war mir ein Traum nur wenige Wochen nach dem Tod meiner Mutter. Sie stand am Weg unter dem Apfelbaum hier am Hof und schaute mich freundlich an. Wir umarmten uns und ein tiefer Frieden ist seitdem in mir spürbar. Ich habe das Gefühl, dass mit diesem Traum mein ganzer Schmerz über die vielen vielleicht versäumten Gelegenheiten sich wandelte. Ein Stück weit in Dankbarkeit – letztlich bin ich die, die ich bin, auch durch die Prägung meiner Eltern, meiner Mutter. Dass ich meinen eigenen Weg zu gehen wage, auch wenn er weit weg vom Mainstream ist, und dass ich mich immer wieder zu Wort melde, wenn Unrecht geschieht (selbst wenn mir das so manche Schwierigkeit einbringt),– das hat meine Mutter mir vorgelebt. Zu ihrem Geburtstag hatte ich ihr einen goldgelben Schal geschenkt. Er war weich und sie konnte ihn mehrmals um ihren Hals wickeln. Einen Monat vor ihrem Tod feierten wir hier am Hof ihren herbstlichen Geburtstag gemeinsam mit ihren Schwestern. Wir ließen Sektkorken knallen und eine funkelnde Sternspritzerfontäne auf der Torte erheiterte uns alle. Ein unbeschwerter und fröhlicher Nachmittag – niemals hätten wir gedacht, dass dies das letzte Zusammensein gewesen sein könnte.

Der goldgelbe Schal

Es war ein kalter Sonntag, an dem meine Mutter starb. Der Himmel war blau und nur wenige Wolken zogen vorbei. Ich weiß noch, dass ich an diesem Tag allein draußen vor dem Haus auf der Bank in der Sonne saß. Ich brauchte diese Stille. Immer wieder mal kam ein Kind vorbei, kuschelte sich an mich und ließ mich wieder allein sitzen. Mein Mann kochte Tee und hörte meinem Schweigen zu. Es schien alles so unwirklich – und um genau zu sein, fühlt es sich noch immer so an. Auf dem Friedhof war es kalt an jenem sonnigen Herbsttag, an dem ich diesen Kummer so richtig spürte. Wir standen nach der Beisetzung am Grab, hielten uns an den Händen und konnten nicht fassen, was geschehen war. Aber der goldene Schal wärmte mich. Ich hatte ihn beim Aufräumen und Abschließen der Stadt-Wohnung meiner Mutter mitgenommen. Das kuschelig-weiche Geburtstagsgeschenk hatte sie bestimmt noch nicht oft getragen, aber es roch nach ihr. Und es tat gut, ihren Duft bei mir zu haben, besonders an diesem Tag.

Den Dreh raushaben

Wenn man durch den Wald geht, fallen die vielen Wurzeln auf, die den Boden prägen. Immer wieder stehen sie hervor und zeigen, wie stark verbunden die Bäume mit dem Erdreich sind. Es lohnt sich, die Wurzelstücke einmal ganz genau zu betrachten: Sie wachsen nicht einfach gerade den Boden entlang, sondern drehen sich immer wieder um die eigene Achse und graben sich so in die Erde. Daran erinnert auch eine alte Art, Brot zu backen: Man braucht einfache Zutaten, etwas Zeit zum Rasten und vor allem – den richtigen Dreh.

Wurzelbrot

800 g Weizen- oder
  Dinkelmehl
½ Würfel Hefe
140 ml Wasser

1 EL Salz
400 ml Wasser

Mehl mit Hefe und Wasser vermischen, anschließend ca. eine Stunde rasten lassen. Dann das Salz und die 400 ml Wasser hinzugeben und zu einem glatten Teig kneten. Erneut ein bis zwei Stunden rasten lassen. Den aufgegangenen Teig in zwei Stücke teilen und zu langen Teiglingen formen, diese dann mehrmals um die eigene Achse winden (wie eine Wurzel). Auf dem Blech nochmals rasten lassen und anschließend bei 180 °C ca. 30 min backen, bis der Teig leicht gebräunt ist und beim Anklopfen auf der Rückseite hohl klingt.

Tipp: Wurzelbrot schmeckt am besten frisch – und schräg angeschnitten.

Entenglück

Unsere Laufenten sind erst seit etwas mehr als einem Jahr auf unserem Hof. Mit ihren Schnäbeln wühlen sie in der Erde auf der Suche nach Schneckeneiern und auch die schon ausgewachsene Variante knabbern sie gerne von den Salatblättern. Unsere Enten genießen die Weitläufigkeit des Gemüsegartens und kosten auch die eingegrabene Badewanne aus, die regelmäßig mit frischem Wasser gefüllt wird. Es ist ein emsiges Treiben, wenn sie durch den Garten watscheln oder sich ein sonniges Plätzchen suchen, um dort in der Wärme zu dösen.

Ein wenig willkommener Gast

Es war ein sonniger Herbsttag, an dem ein beiläufiger Blick aus dem Küchenfenster hinunter in den Garten mich kurz erstarren ließ: Da war ein Fuchs! Und in seinem Maul hing eine unserer Enten. Nicht das erste Mal hatte der rote Geselle sich auf unseren Hof gewagt und seine Spuren hinterlassen: Lämmchen und vor allem Hühner standen auf seinem Speiseplan. Und kaum jemals gelang es uns, ihn rechtzeitig zu vertreiben.

Nun aber kamen wir in Bewegung, um den frechen Besucher zu erwischen. Geschickt kletterte er über den Gartenzaun und war schnell verschwunden. Zwei unserer vier Laufenten hatten sich gut versteckt gehalten, aber die beiden anderen waren offensichtlich verletzt. Wir trugen sie in ihren Stall und versorgten sie so gut es möglich war. Eine Ente verstarb leider innerhalb weniger Stunden, die zweite Ente war am Bein verletzt und konnte nicht mehr gehen. Aber sie lebte. Wir sperrten sie in das Gewächshaus, um sie sicher zu wissen und ihr doch ein wenig Freiheit zu eröffnen – doch es war offensichtlich: Das Tier litt.

1
Eine ganze Kiste voll selbstgeernteter Kartoffeln.

2
Bei der Kartoffelernte heißt es, sich krumm machen und graben.

3
Die ausrangierte Badewanne – beliebt bei unseren Enten als Trink- und Badestelle.

4
Ein hoher Zaun schützt Enten, Hühner und Nutzpflanzen.

1 2

3

4

Bei der Tierärztin

In unseren ersten Jahren (wir hatten noch gar keine Erfahrung – weder mit Tieren noch mit Tierärzten) hatten wir einmal ein verletztes Huhn gehabt und in unserer Sorge den Tierarzt angerufen, der uns freundlich, aber bestimmt darauf hinwies, dass sich jegliche Behandlung nicht „rentiere". Für die Kinder war jetzt aber klar: Die Ente musste zum Tierarzt. Auch wir Eltern hatten das Gefühl, dass das eine gute Idee war – wohl wissend, dass vermutlich nicht viel gemacht werden konnte und wir ziemlich sicher belächelt werden würden, wenn wir mit einer Ente beim Tierarzt ankamen. Trotzdem griff ich zum Telefon und kurze Zeit später saß ich mit einer unserer Töchter und der verletzten Ente im Katzentransportkäfig im Auto. Die Ente quakte ängstlich, aber mein Mädchen war sichtlich zufrieden: Endlich geschah etwas mit dem verletzten Tier! Ich war etwas in Sorge ob der Reaktion

> Jedes Geschöpf ist wertvoll. Das sorgsame Umgehen mit der Natur ist uns wichtig.

der Tierärztin. Aber sie musste wohl meine Gedanken erraten haben und meinte gleich beim Betreten der Praxis, wie wichtig es wäre, Kindern mit auf den Weg zu geben, dass auch ein kleines Tier Unterstützung brauche. Sie nahm vorsichtig die Ente aus der Katzenbox und untersuchte sie gründlich. Ein Röntgenbild später war klar, dass ein Knochen gebrochen war. Bei Wildtieren, zu welchen die Ente zähle, heile das häufig von selbst, meinte die Tierärztin und füllte ein wenig Schmerzmittel in einen kleinen Behälter. Sie entließ uns mit der Aufgabe, das Tier separat zu halten und ihm das Schmerzmittel mit einer kleinen Spritze in den Schnabel zu flößen. Einige Tage pflegten wir die Ente auf diese Weise. Die Kinder begleiteten mich jedes Mal zum Gewächshaus, wo jemand von ihnen die

Ente festhielt, während ich ihr das Schmerzmittel in den Schnabel träufelte. Es dauerte nicht lange, bis wir sehen konnten, dass das Tier wieder gut laufen konnte – die Ärztin hatte recht behalten: Das Bein heilte von selbst, unterstützt von der Entlastung durch das Medikament.

Wertschätzung

Jedes Geschöpf ist wertvoll. Das sorgsame Umgehen mit der Natur ist uns wichtig – und es zeigt sich manchmal auch in solch vermeintlich unverhältnismäßigem Aufwand. Denn eine Ente zum Tierarzt zu bringen, ruft bei einigen nur Kopfschütteln und spöttische Bemerkungen hervor. Für uns zählen im Leben aber nicht ausschließlich Wert oder Erfolgsgarantie, sondern vor allem das achtsame Miteinander. Eine verletzte Ente, ein lahmendes Schaf oder eine Biene, die von einem Tautropfen benetzt wurde und für ein Weilchen flugunfähig ist: Sie alle sind für uns wertvoll und wir versuchen, etwas Wohltuendes für diese Geschöpfe zu tun: ob es nun der Besuch beim Tierarzt, besonders gutes Futter oder das Tragen an einen sicheren und trockenen Platz ist.

Unsere Enten wagen sich mittlerweile wieder im Garten überallhin. Für einige Wochen jedoch mieden sie jene Stelle, an der sie vom Fuchs überrascht worden waren. Mittlerweile ist auch der Gartenzaun etwas höher und undurchdringlicher – in der Hoffnung, dass so ein wenig mehr Schutz für unsere Gartenbewohner gewährleistet ist.

Unser täglich Brot

Bei einer großen Familie mit Kindern im Wachstum wird es mit den Jahren immer deutlicher spürbar, welche Mengen an Essen benötigt werden, um alle satt zu bekommen. Brot schmeckt – im Gegensatz zu so manch anderem – wirklich jedem hier und so war es wichtig, einen Weg zu finden, um – so unser Wunsch – das Brot

Kostbare Brotzutat

Sauerteig ist etwas sehr Kostbares und ein Begleiter für lange Zeit. (Und eignet sich auch wunderbar zum Weiterschenken.) Einmal im Jahr setze ich einen neuen Sauerteig an, der dann das restliche Jahr über für unser Brot verwendet wird. Der Anfang ist ganz einfach: Am ersten Tag mischt man in einer Schüssel 100 g Roggenmehl und 100 ml warmes Wasser. Die Schüssel wird mit einem Tuch abgedeckt und bei Raumtemperatur in der Küche aufbewahrt.

Am nächsten Tag nochmals 100 g Roggenmehl und 100 ml warmes Wasser dazumischen, an den folgenden beiden Tagen dasselbe wiederholen. Nach vier Tagen ist der Sauerteig fertig.

Dieser Sauerteig kann nun zu Brot gebacken werden. Ich nehme dazu etwa ⅔ der Menge und gebe ⅓ in einen gut verschließbaren Glasbehälter, den ich im Kühlschrank aufbewahre.

Das Brot backe ich meistens so: Sauerteig mit ca. 700 g Mehl (ich mische unterschiedliche Mehlsorten) und 1 gehäuften EL Salz mischen. Die Gewürze nach Geschmack (Anis, Kümmel, Koriander, Fenchel …) in eine Teetasse geben, mit heißem Wasser übergießen und ca. 10 min ziehen lassen. Danach die Flüssigkeit über die trockenen Zutaten geben und alles zu einem festen Teig kneten, bei Bedarf etwas Wasser zugeben. Den Teig dann 4–5 Stunden rasten lassen, anschließend nochmals kneten. Danach kleine Brötchen formen oder den Teig in einen Gärkorb legen und nochmals 4–5 Stunden ruhen lassen. Anschließend 10 min bei 200 °C backen, danach Temperatur reduzieren auf 150–180 °C und weitere 20–30 min backen. Das Brot ist fertig, wenn es beim Anklopfen auf der Rückseite hohl klingt.

Brot mit Sauerteig lebt von der langen Ruhezeit – dadurch ist auch keine Hefe notwendig. Wer es eilig hat, kann einen halben Würfel Hefe oder ein Päckchen Trockenhefe zu den Zutaten mischen. Trotzdem ist eine längere Ruhezeit ratsam – das Wichtigste am Brotbacken ist das Wartenkönnen. Wie geht es mit dem Sauerteig im Kühlschrank weiter? Den Sauerteig aus dem Kühlschrank nehmen und mit 400 g Mehl und 400 ml Wasser vermischen. Dann 24 h bei Raumtemperatur ruhen lassen. Anschließend etwa ⅓ der Sauerteigmenge in ein verschließbares Glas zum Aufbewahren in den Kühlschrank zurücktun und die restlichen ⅔ zu Brot backen.

in der erforderlichen Menge selbst zu backen: möglichst natürlich und ohne Zusatzstoffe.

Ich hatte alles Mögliche versucht: fertige Backmischungen, unterschiedliche Rezepte, Anleitungen aus dem Internet ... Letztlich war es vermutlich vor allem das Sammeln von Erfahrungen über die Jahre, das dazu führte, dass unser Brot hier mittlerweile allen schmeckt.

Die ersten Brote waren mehr oder weniger genießbar: manchmal deutlich zu hart oder nicht ausreichend durchgebacken. (Wobei die Hühner sich trotzdem sehr über die Brotkrumen freuten, die sie dadurch erhielten.) Auch der Geschmack war ab und an etwas merkwürdig. Vielleicht mussten wir uns auch einfach umgewöhnen: Der Geschmack von industriell gefertigtem Brot ist anders als der von selbstgebackenem. Und auch die Motivation wandelte sich. Anfangs war sehr viel Enthusiasmus dabei, dann wieder das Bedürfnis des „Beweisenwollens" (mir selbst vor allem) verbunden mit Verbissenheit und Ärger, wenn es nicht klappte. Es gab auch eine Phase des „Ach, ist doch nicht so wichtig, ich kann das Brot auch kaufen". Ich brauchte Zeit, um für mich herauszufinden, was es mit dem Brotbacken auf sich hatte – nämlich weit mehr als ein wohlschmeckendes Nahrungsmittel herzustellen.

Mittlerweile ist es ein mir wichtig gewordenes Ritual, zwei oder drei Mal in der Woche Brot zu backen. Ohne Druck, ohne Perfektionismus. Ich quetsche das Brotbacken nicht in meinen Alltag, will es nicht „schnell erledigen", sondern es wurde mit den Jahren zum Bestandteil des Tagesablaufes. Ein Fixpunkt, wichtiger Bereich des Alltags – ähnlich dem Erledigen der Hausaufgaben bei den Kindern oder dem Versorgen der Tiere im Stall. Es ist nicht etwas Zusätzliches, sondern es ist vertraut geworden, wie das Kochen der Kartoffeln, bevor sie gegessen werden.

Alles hat seine Zeit

Brot backen braucht Zeit. Und schenkt dadurch Momente des Innehaltens und Entspannens bei all den anderen Anforderungen des Tages. Denn letztlich ist es ganz einfach: Es braucht Mehl, Wasser, Salz und bei Bedarf Gewürze, Kerne oder Kräuter. Vor allem aber Zeit. Auch wenn es mit Hefe wesentlich schneller gelingt, so hat das Arbeiten mit Sauerteig einen besonderen Reiz. Das Brot wird so zu einem Wegbegleiter in der Küche, erfordert aber auch ein wenig Planung. Denn einen ganzen Tag lang reift der Sauerteig in einer Schüssel, abgedeckt mit einem Tuch. Erst dann kann er mit Mehl, Wasser, Salz und Gewürzen geknetet werden – um dann nochmals einen halben Tag zu rasten, bevor das Brot gebacken wird. Der Duft zieht durch das ganze Haus und das Anschneiden der Krume eines frischen Brotes ist wie ein Geschenk, das spürbar macht: Brot ist kostbar.

Wir kaufen das Getreide bei einem Biobauern hier in der Nähe, Monat für Monat mehrere Kilogramm. Der Sauerteig zum „Anfüttern" bleibt in einer Glasdose im Kühlschrank, um wieder hervorgeholt zu werden, wenn es Zeit ist für ein neues Brot. Auch wenn es manchmal mühsam ist, gut einzuplanen, wann wie viel Brot gebraucht wird (frisch schmeckt es einfach am besten!), ist es schön, auf diese Weise ein wenig im Alltag entschleunigt zu werden. Denn das Mahlen des Getreides, das Ansetzen des Sauerteiges, das Verkneten der Zutaten und vor allem das Warten dazwischen – es tut gut.

Wartenkönnen

Brot zu backen, macht für mich den Kreislauf des Lebens besonders gut spürbar: Aus einem einzelnen Korn, das in die Erde gelegt wird, wächst eine Ähre mit vielen Körnern empor, die nach der Ernte zu neuem Korn für die Aussaat oder für das Verarbeiten zu Mehl verwendet werden kann. Es braucht viel Vertrauen, um warten zu können, bis aus dem kleinen Korn etwas wächst, das geerntet werden kann. Brotbacken ist für mich so etwas wie eine Erinnerung daran, wie wichtig und wertvoll Vertrauen ist – und wie viel daraus erwachsen kann. Besonders im Herbst, wenn das frisch gedroschene Getreide zu Mehl vermahlen wird und meine Hände den warmen Teig zu einem Laib formen, darf ich spüren: Diese Arbeit ist ein Teil eines großen Ganzen.

WINTER
– Stille ringsum
und ein warmes Licht
im Fenster

winter

kahle äste
gefrorene böden

sanfte flocken
die fallen
vom himmel

und
decken zu

alles was da ist
und wartet

auf
das neue jahr

Wintervielfalt

In unserem ersten Jahr hier am Hof schneite es unfassbar viel innerhalb kürzester Zeit. Über Nacht fiel knapp ein Meter Schnee – mehr als ich jemals zuvor in meinem Leben gesehen hatte. Wir hatten eine Schneeschaufel, aber mit dieser kam man bei diesen Schneemassen nicht recht weiter. Der Schneepflugfahrer hatte offensichtlich auch noch keine Information darüber erhalten, dass der Hof wieder bewohnt war, und so konnten wir nur mit Schrecken feststellen, dass er nicht zu uns herauf räumte, sondern bei den Nachbarn umkehrte und wieder wegfuhr.

In den folgenden Jahren gab es alles Mögliche: Winter, in denen im November ein klein wenig Schnee fiel und das nächste Mal erst wieder im Jänner. Winter, in denen es nie eine geschlossene Schneedecke gab, und solche, in denen es gegen Weihnachten begann, winterlich zu werden. Was wir beobachten ist, dass sich die Wetterextreme in den letzten Jahren deutlicher bemerkbar machen. In einem Jahr gab es im November so viel Schnee, dass ringsum die Hänge zu rutschen begannen, weil der Boden noch gar nicht gefroren war, und auch die Bäume brachen, weil sie teilweise noch Laub trugen. In einem anderen Jahr schneite es fast eine ganze Woche lang stark, danach gab es wieder eine kurze Zeit der Trockenheit, gefolgt von einer weiteren Woche starken Schneefalls. Es war das Jahr, in dem das Dach unseres Stallgebäudes seinen letzten Winter erlebte und die Dachlawinen vom Hausdach sämtliche Dachziegel mitrissen und die Solaranlage aus der Verankerung lösten.

1
Auch wenn es nur wenig Schnee gibt, wird schon mit Skiern losgelegt.

2
Eintritt verboten für gruselige Krampusgestalten!

3
Auch die Allerkleinsten wagen sich hier auf die Piste.

4
Der Nikolaus samt Engeln und Krampussen kommt zu Besuch.

Trotz allem tut es aber gut zu spüren: Es gibt den Winter. Es ist wichtig, dass es Niederschlag gibt. Die Wasservorräte der Quellen ringsum brauchen den Winter, und eine geschlossene Schneedecke schützt die Felder vor dem Austrocknen. Und auch uns Menschen tut diese Zeit, in der alles unter der weißen Pracht versinkt, gut: Es ist eine Zeit des Ruhens und der Einkehr. Sie ist wichtig für die Natur und wichtig für den Menschen, denn sie erinnert daran, dass alles seine Zeit hat und auch stille Phasen im Leben von großer Bedeutung sind.

Skipiste vor der Haustür

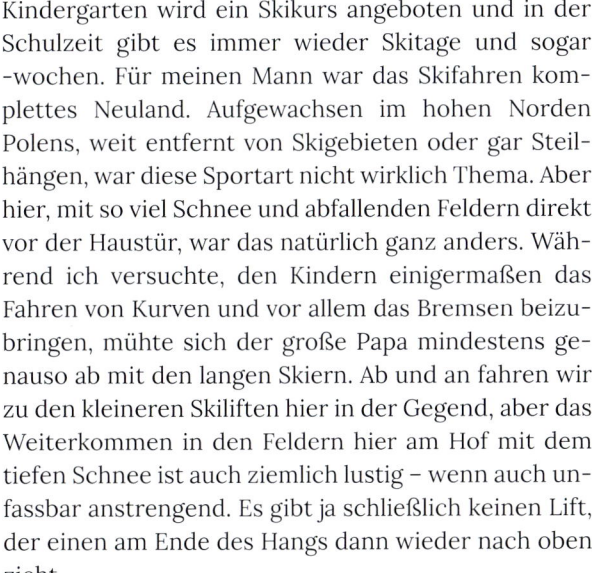

Wir sind keine großen Sportler – aber für die Kinder, die hier aufwachsen, ist das Skifahren offensichtlich fester Bestandteil der Schulzeit. Schon im Kindergarten wird ein Skikurs angeboten und in der Schulzeit gibt es immer wieder Skitage und sogar -wochen. Für meinen Mann war das Skifahren komplettes Neuland. Aufgewachsen im hohen Norden Polens, weit entfernt von Skigebieten oder gar Steilhängen, war diese Sportart nicht wirklich Thema. Aber hier, mit so viel Schnee und abfallenden Feldern direkt vor der Haustür, war das natürlich ganz anders. Während ich versuchte, den Kindern einigermaßen das Fahren von Kurven und vor allem das Bremsen beizubringen, mühte sich der große Papa mindestens genauso ab mit den langen Skiern. Ab und an fahren wir zu den kleineren Skiliften hier in der Gegend, aber das Weiterkommen in den Feldern hier am Hof mit dem tiefen Schnee ist auch ziemlich lustig – wenn auch unfassbar anstrengend. Es gibt ja schließlich keinen Lift, der einen am Ende des Hangs dann wieder nach oben zieht.

Traditionen

Während des Jahres gibt es für uns zwar auch einige Traditionen, die uns wichtig sind, aber sie sind kaum vergleichbar mit der Advents- und Weihnachtszeit. Eigentlich beginnt es schon mit dem Martinsfest, das vor allem für die jüngeren Kinder mit dem Martinsspiel und dem Laternenumzug zur Kirche etwas Besonderes ist. Eine kleine, aber offensichtlich wichtige Tradition sind die Martinsgänse: Jedes Jahr aufs Neue backen wir sie, meist aus Hefeteig. Wir haben eigene Ausstechformen mit Gänsen – mehr oder weniger ausschließlich für den Martinstag. Auch das Schneiden der Barbarazweige am 4. Dezember oder der Nikolausbesuch zwei Tage später sind wichtige Bräuche, die erst so richtig spürbar machen: Es ist Advent!

Nikolausbesuch

Ich weiß noch, als im ersten Jahr hier am Hof abends jemand an die Tür klopfte. Ich staunte nicht schlecht, als da der Nikolaus mit zwei Engeln und einer ganzen Menge Krampusse vor der Tür stand. Es war (und ist) eine wichtige Tradition hier im Dorf, dass mehrere

> Das Schneiden der Barbarazweige am 4. Dezember oder der Nikolausbesuch zwei Tage später sind wichtige Bräuche, die erst so richtig spürbar machen: Es ist Advent!

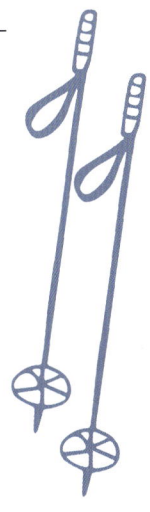

Gruppen junger Menschen sich am Nikolaustag auf den Weg machen und die Kinder mit einem kleinen Geschenk besuchen. Jedes Jahr aufs Neue freuen sich die Kinder auf diese Besonderheit – auch wenn sie sich doch vor den Krampusgestalten gruseln. Vorsorglich bastelten sie vor einigen Jahren ein „Krampus verboten"-Schild und hängten es an die Haustür – mit Erfolg: Meistens bleiben die unheimlichen Gesellen draußen vor dem Haus stehen und fotografieren das Schild, während der Nikolaus mit seinen Engeln hereinkommen darf und den Kindern ein Säckchen mit Mandarinen, Nüssen und Süßigkeiten bringt.

Kindheitserinnerungen

Auch wenn ich in der Stadt aufgewachsen bin, wo vieles anders und weit weniger intensiv gestaltet wurde, so gibt es doch Traditionen, an die ich mich gerne erinnere. Das Martinsfest ist eine solche: Der ganze Kindergarten – und das müssen Hunderte Kinder gewesen sein – machte sich mit Laternen und echten (!) Kerzen darin auf den Weg zur großen Pfarrkirche. Hier wird das ähnlich gestaltet: Nicht nur der Kindergarten, sondern auch die Volksschulkinder gehen gemeinsam zur Pfarrkirche – natürlich sind dies weit weniger Kinder, aber es ist doch ein besonderes Bild, wenn da alle in der Dämmerung mit ihren (LED-)Lichtern in den selbstgebastelten Laternen in die Kirche einziehen.

Martinsfest zu Hause

Es tut gut, sich immer mal wieder an die Geschichte des hl. Martin zu erinnern, der seinen Mantel mit einem Bettler teilte. Die Legende öffnet den Blick dafür, dass man auch mit kleinen Gesten viel Gutes bewirken kann. Es geht nicht immer nur darum, „alles" zu geben – den ganzen Mantel zum Beispiel –, sondern eben das, was einem möglich ist. Ein Umhang kann, wenn er geteilt wird, zwei Menschen wärmen. Am 11. November sitzen wir gerne bei Tee und Gänsekeksen im Kerzenschein zusammen und genießen diesen besonderen Abend.

Martinsgänse, Pferde und Sterne

(ergibt ca. 30 Plätzchen)
500 g Mehl
½ Würfel Hefe
100 ml warme Milch
Honig
1 Prise Salz
1 Ei
ggf. Hagelzucker
1 verquirltes Ei

Alle Zutaten werden gut miteinander verknetet. Wenn Flüssigkeit fehlt, noch etwas Wasser hinzugeben. Den Teig mindestens eine Stunde ruhen lassen. Danach ausrollen und Gänse (Martinsgänse), Pferde (Martin ritt auf einem Pferd) und Sterne (Erinnerung an den Abend, als er dem Bettler begegnete) mit Formen ausstechen. Die Kekse werden auf ein Blech gelegt, mit etwas verquirltem Ei bestrichen, evtl. noch mit Hagelzucker bestreut und bei 160 °C ca. 15 min goldbraun gebacken.

Lichter im Advent

Neu entdeckt haben wir für uns das Luciafest. Es ist hier nicht sehr gebräuchlich, aber vielleicht weil die Kinder einige Weihnachtsbücher skandinavischer Autoren haben, kam immer wieder die Frage nach dem Luciafest. Wir suchten nach Informationen zur Heiligen, und die Idee, diesen Tag auch in unsere Advents-

> Sonntag für Sonntag leuchtet ein Licht mehr und macht so auch sichtbar, dass das Weihnachtsfest nicht mehr weit ist.

traditionen einfließen zu lassen, fand großen Anklang. Seitdem ist der Luciatag ein Tag, an dem wir bei Kerzenschein frühstücken und Luciabrötchen genießen. Natürlich ist auch der Adventskranz ein wichtiger Begleiter in dieser Zeit. Sonntag für Sonntag leuchtet ein Licht mehr und macht so auch sichtbar, dass das Weihnachtsfest nicht mehr weit ist. Während des Jahres verwenden wir kaum Kerzen. Nur an besonderen Tagen wird eine entzündet: die Taufkerzen am Namenstag, unsere Hochzeitskerze am Hochzeitstag und ab und an, wenn etwas Besonderes gefeiert oder bedacht wird. Kerzen bedeuten für uns einen besonderen Anlass – und der Advent gehört natürlich dazu. Der Adventskranz, Kerzen auf den Fensterbänken, in der Laterne vor der Haustüre und später dann am Christbaum – sie zeigen, dass es bei aller Dunkelheit und Kälte doch eine ganz besondere Zeit des Lichtes und der Wärme ist.

Ein Licht weist den Weg nach Hause.

Schnee-Probleme

Das mit dem Schneeräumen ist so eine Sache – manchmal funktioniert es besser, manchmal weniger. In Anbetracht der vielen Wege hier im Dorf sind wir dankbar, wenn die Straßen wenigstens in Zeiten mit sehr viel Schnee geräumt werden, damit ein sicheres Fahren zur Arbeit und zur Schule möglich ist. Das Abschätzen von Wetterereignissen gelingt nicht immer – vor allem wenn man nicht im Tal arbeitet. In der gut 20 Kilometer entfernten Stadt im Nachbarbundesland ist das Wetter zwar häufig ähnlich wie hier im Tal, aber gerade bei Schneefall ist die Situation manchmal eine völlig andere. Wenn man über die Passkuppe, die zwischen unserem Tal und dem Nachbarbundesland liegt, fährt, ist man immer wieder überrascht, wie sehr das

> Es ist kostbar, erwartet zu werden. Zu wissen, dass da Menschen sind, die sich über die Ankunft freuen.

Wetter sich unterscheidet. Während es auf der einen Seite lediglich ein wenig schneit, gibt es auf der anderen Seite dichte Schneeflocken, starken Wind und ganz andere Fahrverhältnisse.

Es kommt immer wieder vor, dass es nicht möglich ist, zu uns auf den Hof zu fahren. Wenn zu viel Schnee liegt, sind auch die Schneeketten keine Hilfe. Das Fahrzeug bleibt nämlich in den Schneemassen stecken. So lassen wir es unten im Tal stehen und gehen zu Fuß herauf. In knapp einem halben Meter Schnee bergauf zu stapfen, ist anstrengend, auch wenn es nur ein guter Kilometer ist – und es tut gut, dann endlich unseren Hof zu sehen mit dem warmen Licht in den Fenstern, und zu wissen, dass da auf einen gewartet wird. Es ist kostbar, erwartet zu werden. Zu wissen, dass da Menschen sind, die sich über die Ankunft freuen. Die plattgedrückten Nasen an den Fensterscheiben zu sehen, wenn man am Haus vorüberstapft, und das fröhliche Rufen und Begrüßen beim Betreten des Hauses: Es ist ein Geschenk.

Sehnsucht nach Licht

Besonders in der dunklen, kalten Jahreszeit spüren viele Menschen, wie sehr ihnen das Licht fehlt. Die Tage werden immer kürzer und das oft trübe Wetter lässt Schwermut aufkommen. Da tut es gut, ein Licht zu entzünden. Der Adventskranz ist ein treuer Begleiter mit seinen Lichtern, die Woche für Woche mehr und damit heller werden. Das Fest der hl. Lucia am 13. Dezember ist ein willkommener Anlass, dem Licht besonders viel Raum im Alltag zu geben. Die Lichtheilige erinnert daran, wie wichtig die Zuversicht ist.

Luciabrötchen

(für 4–6 Personen)
1 kg Mehl
1 TL Salz
Zitronenschale
100 g Zucker
1 Würfel Hefe
½ l Milch
100 g Butter
2 Eier
evtl. Hagelzucker, Rosinen,
   Körner, Mohn …

Mehl, Salz, Zitronenschale und Zucker vermischen. Hefe in eine Tasse bröseln und mit etwas warmem Wasser zu einem Brei vermischen, dann Milch und geschmolzene Butter dazugeben. Anschließend in die Mehlmischung gießen, ein Ei dazugeben und alles gut kneten. Mindestens eine Stunde rasten lassen. Dann den Teig in kleine Stücke teilen, daraus Zöpfe, Zauberstäbe, Schnecken u. a. formen. Dabei möglichst wenig Mehl auf der Arbeitsfläche verwenden. Die ausgeformten Gebäckstücke mit Ei bestreichen und ggf. noch mit Körnern, Rosinen o. Ä. verzieren. Bei 175 °C ca. 20 Minuten backen.

Tipp: Dieser Teig lässt sich auch hervorragend für Palmbrezeln (s. S. 34 f.) verwenden.

Herbergesein

Es gibt Höfe, die weit höher liegen als unserer und deren Wege häufig auch wegen Lawinengefahr nicht geräumt werden können. Da haben wir noch großes Glück mit unserem Zuhause. Es liegt in einer angenehmen Höhe, etwas abseits und doch meist gut erreichbar. Freunde von uns wohnen auf einem etwas höher gelegenen Hof und es ist für sie immer wieder schwierig, sicher nach Hause zu kommen, wenn das Wetter umschlägt. Einmal erhielten wir den Anruf einer Freundin, die fragte, ob sie zu uns kommen könne, weil der Weg zu ihrem Zuhause nicht befahrbar war. Nur wenige Minuten vor ihrem Anruf war mein Mann gerade erst heraufgestapft. Er hatte das Auto unten im Tal an einer Stelle geparkt, von der er hoffte, dass

> ## Es ist auch eine schöne Erfahrung, Herberge sein zu dürfen.

das Auto sicher war, auch wenn es völlig von Schnee bedeckt werden würde. Nicht dass der Schneepflugfahrer noch dachte, es wäre ein großer Schneehaufen! Noch während mein Mann den Schnee aus seinen Stiefeln holte und sich aus seiner Kleidung schälte, zog ich mir meine Skihose über und machte mich auf den Weg, um der Freundin ein Stück entgegenzugehen. Es war schon dunkel geworden und das dichte Schneetreiben erschwerte das Weitergehen. Ich versank regelrecht im Schnee – bis zur Hüfte reichte er mir schon und es war ein mühsames Vorankommen. Mit einer Taschenlampe leuchtete ich auf den Weg (oder was ich für den Weg hielt), denn zwischen der Straße und den Feldern war kaum mehr ein Unterschied zu sehen und auch die Spur meines Mannes war schon wieder ziemlich zugeschneit. Dabei hielt ich Ausschau, ob ich nicht schon jemanden kommen sah.

Endlich sah ich sie heraufstapfen. Die Anstrengung war ihr anzusehen und auch die Traurigkeit darüber, dass sie nicht nach Hause zu ihrer Familie konnte. Wenigstens funktionierte noch die Telefonverbindung, um miteinander sprechen zu können.

Wir aßen gemeinsam zu Abend, plauderten bei einem Gläschen Wein miteinander und das Sofa wurde kurzerhand zu einem warmen Gästebett umfunktioniert. Am nächsten Tag ließ der Schneefall nach und schon kurz nach dem Frühstück kam die Nachricht, dass die Wege geräumt waren und ein sicheres Nachhausekommen möglich war.

Es tut gut, Herberge zu finden. Aber es ist auch eine schöne Erfahrung, Herberge sein zu dürfen. Ganz unverhofft, mitten im Alltag. Gastfreundschaft und Nachbarschaftshilfe sind etwas, das wir hier immer

1

2

3

wieder als sehr bestärkend empfinden. Wir freuen uns darüber, das ein Stück weit auch selbst geben zu dürfen. Es braucht gar nicht viel, um etwas Gutes für jemanden zu tun. Ein spontanes „Ja, natürlich" zu sagen, wiegt weit mehr als ein lange vorbereitetes Treffen.

Drinnenzeit

Der Winter, der vieles draußen zudeckt und dazu anregt, Einkehr zu halten, ist eine Zeit, in der das Handarbeiten mehr Raum erhält als in den anderen Jahreszeiten. Es tut auch gut zu spüren: Draußen ist nicht sehr viel möglich. Gartenarbeiten sind nicht notwendig. Die Ernte ist eingebracht. Jetzt ist die Zeit, die Arbeit der vergangenen Monate zu genießen. Ein wenig erinnert es an Erntedank: Wir kochen und backen mit dem, was wir im Herbst geerntet haben. An langen, dunklen Winterabenden spielen wir häufig Gesellschaftsspiele. Der Küchentisch verwandelt sich dann in ein fröhliches Miteinander und macht spürbar, wie

1
Der Schnee türmt sich auch auf dem Nistkasten.

2
Schnitzen und Handwerken sind beliebte Winterbeschäftigungen.

3
Hell leuchtende Fenster heißen einen willkommen.

wertvoll es ist, Familienzeit bewusst Raum zu geben. Das gelingt leichter im Winter als in den Jahreszeiten, in denen vieles am Hof erledigt werden soll.

Im Winter gestalte ich meist auch ein Fotobuch vom ganzen Jahr – vom ersten Januar bis zum 31. Dezember finden sich Bilder von besonderen Momenten in unserem Alltag. Jedes Jahr gibt es ein Familienalbum – und manchmal schauen wir sie am Silvesterabend alle an und erfreuen uns an den gemeinsamen Erinnerungen und staunen, wie sehr wir uns alle in all den Jahren verändert und was wir gemeinsam erlebt haben.

> Es ist etwas beinahe Selbstverständliches in meinen Erinnerungen, dass jemand strickt oder etwas näht.

Handarbeiten

Als Kind strickte und nähte meine Großmutter, die hier am Hof lebte, vieles für uns. Ihre Mutter war schon eine begabte Schneiderin gewesen und manches von den Kleidungsstücken, die meine Oma gefertigt hatte, bewahrte meine Mutter auf und noch meine Kinder konnten etwas davon bei besonderen Anlässen tragen. Auch meine Mutter machte gerne Handarbeiten, strickte und nähte vieles für ihre Enkelkinder. Vielleicht ist es deshalb etwas, das ich auch gerne tue. Es ist etwas beinahe Selbstverständliches in meinen Erinnerungen, dass jemand strickt oder etwas näht. Auch den Kindern habe ich das Stricken und Häkeln früh beigebracht. Anfangs interessierten sie sich mehr für die Wollknäuel und schauten gespannt zu, wie etwas unter meinen Händen quasi wuchs. Später wollten sie es selbst versuchen und mittlerweile können sie alle zumindest kleine Stücke selbst fertigen. Einerseits ist es eine gute feinmotorische Übung, andererseits empfinde ich das Handarbeiten als etwas Entspannendes.

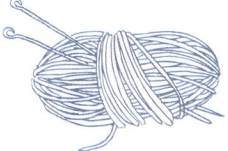

Etwas schaffen zu können, tut auch dem Selbstbewusstsein gut, und die Gedanken können während des Strickens schweifen. Ich genieße es und es gibt Phasen, in denen ich sehr gerne stricke: Mützen, Pullover, Handschuhe, Socken ... Beim Nähen sind es eher Haushaltswaren, die notwendig sind, die ich selber fertige. Natürlich kann man heute eigentlich alles kaufen – deutlich billiger zumeist. Was aber fehlt, ist die Zeit und die Liebe, die in das selbstgemachte Kleidungsstück gelegt wurden – und das bedeutet mir viel.

> Es ist wichtig, sich ab und an
> auch Zeit zu nehmen für die Dinge,
> die man einfach gerne tut.

Beim Selbermachen ist es wohl – wie bei vielen Dingen – eine Frage der Einstellung. Was ist mir wichtig? Schnelle Freude oder ist auch der Schaffensprozess etwas Wertvolles? Erfreue ich mich an einigen wenigen Stücken, in denen auch viel Mühe steckt, oder ist mir die Menge der Dinge wichtig?

Der Korb mit den Stricksachen auf dem Regal im Esszimmer erinnert mich daran, wie wichtig es ist, sich ab und an auch Zeit zu nehmen für die Dinge, die man einfach gerne tut. Obwohl es leichter wäre, etwas zu kaufen. Obwohl es viel Zeit in Anspruch nimmt. Obwohl es auch anstrengend ist (die zweite Socke ist immer weniger spannend als die erste). Aber es ist eine freie Entscheidung für das handgemachte Unikat. Für mich ist es wichtig. Wohltuend. Sinnerfüllt. Und bereitet Freude. Und das ist mehr als genug!

Winterlämmchen

Die meisten Lämmchen werden im Frühling und Herbst geboren, aber ab und an kommt es vor, dass auch im Winter neues Leben im Stall zur Welt kommt. Wenn die Tiere im Freien ihre Jungen bekommen, geschieht das meistens ganz unbemerkt. Auch im Stall werden die Lämmer oft am frühen Morgen oder in der Nacht geboren. Manchmal aber ergibt es sich, dass die Kinder untertags bei einem ihrer Stallbesuche entdecken, dass sich ein Schaf zurückgezogen hat und sich anders verhält als sonst.

Ganz leise verstecken sie sich dann im Heuvorrat und schauen bei der Geburt zu. Sie wissen schon ziemlich genau Bescheid über Fruchtblase, Nabelschnur und Plazenta. Aber es ist doch jedes Mal wieder von Neuem aufregend und etwas ganz Besonderes, wenn das Lämmchen dann geboren ist. Es ist ein richtiges Wunder, das erleben zu dürfen, und ich bin zutiefst dankbar dafür, dass ein so ruhiges und klares Miterleben einer Geburt ab und an möglich ist. Immer wieder wird mir dadurch bewusst, wie wunderbar alles geschaffen ist und wie wertvoll es ist, wenn der Mensch nicht eingreift. Es braucht seine Zeit, bis das Lamm geboren ist, und das Muttertier spürt genau, wann der richtige Zeitpunkt ist, um das Lämmchen abzuschlecken, die Fruchtblase wegzuknabbern und das Junge zu ermutigen, einen Versuch zum Aufstehen und Milchtrinken zu unternehmen. Die anderen Schafe der Herde kommen dann zu den beiden, beschnuppern das Kleine und lassen das Gefühl aufkommen, dass sie auf diese Weise das Lamm im Stall willkommen heißen.

1
Ein Lämmchen mitten in der kalten Jahreszeit.

2
Und auch Schneeschweine erblicken das Licht der Welt.

In der Weihnachtsbäckerei

Kekse gibt es das ganze Jahr über zu kaufen und doch sind Weihnachtskekse etwas ganz Besonderes. Kinder lieben es, verschiedene Formen und Möglichkeiten auszuprobieren – vor allem in Kombination mit Schokolade und bunten Streuseln. Wir backen jedes Jahr „Kekse mit Fenstern": Sie schmecken einerseits ganz wunderbar und sind andererseits auch gut als kleines Geschenk oder sogar als Christbaumschmuck geeignet.

Kekse mit buntem Fenster

(ergibt 5–6 Bleche)
300 g Roggenmehl
180 g Zucker
100 g Honig
2 Eier
1 TL Natron
2 EL Lebkuchengewürz
geriebene Zitronenschale
   (½ Zitrone)
bunte Fruchtbonbons
   (ohne Füllung)

Alle Zutaten (bis auf die Bonbons) miteinander vermengen und zu einem festen Teig verkneten. Über Nacht bzw. mindestens 30 min gut zugedeckt im Kühlschrank rasten lassen. Teig ausrollen und „Doppelformen" ausstechen, also z. B. in den großen Stern einen kleineren Stern. Blech mit Backpapier auslegen und Kekse darauf anordnen, in die ausgestochene Öffnung wird dann ein Bonbon gelegt. Kekse ca. 10 Minuten bei 170 °C backen, bis das Bonbon schmilzt und die gesamte Öffnung ausfüllt.

Abgeschnitten

Es gibt bei uns immer mal wieder Stromausfälle. Meist bei sommerlichen Gewittern. Ab und an auch bei einem starken Sturm. Immer aber sind es nur wenige Stunden, die wir keinen Strom nutzen können. In einem Winter aber war dies anders. Es wollte gar nicht aufhören zu schneien und ringsum brachen Bäume unter der Last des Schnees. Die Straßen waren gesperrt, da es bei den Schneemassen kein Vorankommen gab – und irgendwann war es so weit: Es war kein Strom mehr vorhanden.

Im dämmrigen Licht, das durch die Fenster schimmerte, suchten wir Kerzen, Taschenlampen und Batterien und richteten uns auf die nächsten Stunden ohne Strom ein. Beim Blick aus dem Fenster konnte man nichts erkennen. Noch nicht mal die Häuser der Nachbarschaft – vermutlich weil auch bei ihnen kein Licht in den Fenstern brannte. Es war dunkel und still ringsum.

> ## Stromausfall ist ein Segen für Familienzeiten – und eine Herausforderung für den Haushalt.

Es war schwierig, durch die Schneemassen in den Stall hinüberzustapfen und im düsteren Licht und schwachen Schein der Laterne die Tiere zu versorgen. Wie es wohl am nächsten Morgen sein würde? An diesem Tag gingen wir bei Kerzenschein und mit einer Taschenlampe am Nachttisch zu Bett.

Als wir am nächsten Tag aus dem Fenster blickten, konnten wir nicht fassen, wie viel Schnee gefallen war – und es schneite immer noch. Wie sollte da nur jemals etwas repariert werden, sollte die Stromleitung an einer Stelle beschädigt worden sein?

Es ist eine Umstellung, so ganz ohne Strom zu leben. Für den Notfall gibt es ein Stromaggregat, aber wir hofften, die Zeit auch überbrücken zu können, ohne das Gerät anwerfen zu müssen. In der Kälte des Winters ist das Kühlen auch im Freien möglich und das

Kochen am Holzherd ist kein Problem, aber die Wäscheberge türmten sich: Die Waschmaschine fehlt bei Stromausfall offensichtlich!

Nachgedacht

Die glücklicherweise nicht allzu oft vorkommenden Zeiten ohne Strom tun aber gut. Sie öffnen den Blick dafür, was uns im Alltag oft selbstverständlich erscheint. Erst durch das Fehlen der Spülmaschine wird offensichtlich, wie viel Geschirr wir eigentlich brauchen, und der fehlende Strom beim Gefrierschrank zeigt auf, wie wichtig es ist, dass wir das meiste unserer Obst- und Gemüseernte ohnehin einkochen und im Erdkeller aufbewahren, um nicht so sehr auf das elektrische Gerät angewiesen zu sein.

Ohne Strom funktioniert auch das Internet nur bedingt – was dazu führt, dass das Handy mit einem Mal ziemlich uninteressant wird und sich alle irgendwann in der Küche einfinden, um zu sehen, ob nicht jemand etwas Spannendes zu berichten hat oder ob ein Brettspiel vielleicht Ablenkung verschafft. Stromausfall ist ein Segen für Familienzeiten – und eine Herausforderung für den Haushalt.

Nachdem der Kerzenschein nicht besonders hell ist, gehen auch alle viel früher als sonst zu Bett. So entsteht ein ganz anderer Rhythmus als sonst. Ein wenig

entschleunigt es und erinnert an alte Zeiten, in denen die Menschen noch mehr auf das Tageslicht angewiesen waren und ihren Tag danach ausrichteten. Auch wenn es eine ziemliche Umstellung in mancherlei Hinsicht ist, so wirken längere Stromausfälle auch ein wenig wie eine Erholungskur: Wir sind deutlich ausgeschlafener und entspannter nach solchen Zeiten.

Vom Christkind und anderen Gehilfen

In unserer Gegend ist das Christkind sehr bekannt, aber natürlich ist auch der Weihnachtsmann kein Unbekannter. Als junge Eltern waren wir unsicher, was wir unseren Kindern zu diesem Thema einmal sagen würden. Für meinen Mann war weder Weihnachtsmann noch Christkind je ein Thema gewesen, in seiner Kindheit in Polen war der Nikolaus der Begleiter des Weihnachtsfestes – was dazu führte, dass die polnischen Großeltern die Kinder zu Weihnachten nach dem Nikolaus fragten. Das verbreitete natürlich Verwirrung, weil bei uns der Nikolaus ja schon deutlich früher zu Besuch kommt und nicht erst am Heiligen Abend.

Meine Eltern hatten wohl ein ähnliches Dilemma gehabt: Meine Mutter sprach vom Christkind und mein Vater, der aus Italien andere Traditionen wie die Befana kannte, sagte nicht viel dazu. Wir liebten das Christkind und stellten uns so etwas wie einen Engel mit jeder Menge Lametta vor, der durchs Fenster hereinkam und die Geschenke unter den Baum legte. Irgendwann war dieser Zauber vorbei und die Enttäuschung groß, dass die Eltern uns eigentlich belogen hatten. So etwas wollte ich bei meinen Kindern nicht gerne wiederholen – denn die Enttäuschung über die Nicht-Existenz des Christkinds meiner Vorstellungswelt hielt lange an.

Ein Kompromiss

Letztlich entschieden wir uns dann, den Kindern mehr oder weniger die Wahrheit zu sagen im Blick auf die Geschenke zu Weihnachten, denn ein Fest ohne Geschenke wollten wir auch nicht umsetzen – auch wenn die Botschaft von Weihnachten eigentlich im Mittelpunkt stehen sollte. Und so sprechen wir zwar vom Christkind, aber sagen auch dazu, dass unterschiedliche Menschen dieses Christkind „sind". Die Kinder dürfen sich etwas wünschen zu Weihnachten – ihren Wunsch sollten sie aber bis zum ersten Adventssonntag festlegen.

2

1
Bei Kerzenschein musizieren und essen – dank Stromausfall.

2
Unterwegs mit dem Schneeroller.

3
Die Schotthofkinder im Schnee.

1   3

So ist der Advent frei vom Geschenkethema und es bleibt Zeit, um sich wirklich den Adventstraditionen zu widmen – ohne Ablenkung durch die Frage der Päckchen. Natürlich ist das nicht ganz einfach für die Kinder im Kontakt mit Gleichaltrigen. Schon im Kindergarten führte es zur Verwirrung, dass so manches andere Kind an das Christkind in Form eines Engels oder etwas Ähnlichem glaubte. Unsere Kinder waren anfangs noch sehr bemüht, die anderen Kinder „aufzuklären", was wenig Begeisterung bei den Betreuerinnen und vermutlich auch bei den anderen Eltern hervorrief. Irgendwann spürten die Kinder, dass es wichtig ist, anderen Kindern „ihren Glauben" möglich zu machen und sie nicht zu verunsichern. Rückblickend denke ich, dass unsere Kinder dadurch auch etwas lernen konnten: Der Glaube ist etwas ganz Persönliches und es ist wichtig zu respektieren, dass andere Menschen etwas anderes glauben als man selbst.

Fleißige „Christkindln"

Unsere Kinder wollten jedenfalls auch Christkind sein und begannen, Geschenke zu basteln oder etwas von ihrem Ersparten für ihnen wichtige Menschen zu besorgen – wie zum Beispiel der Oma und ganz besonders unserer Nachbarin. Anfangs liefen sie am Nachmittag des Heiligabends zu ihrem Haus, läuteten,

> Der Glaube ist etwas ganz Persönliches und es ist wichtig zu respektieren, dass andere Menschen etwas anderes glauben als man selbst.

legten das Päckchen vor die Tür und versteckten sich, um zu sehen, ob sie sich darüber freute – vor Aufregung konnten die Kinder natürlich nicht lange in ihren Verstecken bleiben und wünschten lautstark: „Frohe Weihnachten!" Über die Jahre wuchs daraus eine kleine Tradition. Die Kinder fragten schon jedes Jahr danach, ob sie wieder die Nachbarin mit einem kleinen Päckchen besuchen dürften – mit dem praktischen Nebeneffekt, dass die Kinder dort ein wenig Zeit verbrachten und mit der Nachbarin bei Tee und

1
Eine polnische Weihnachtstradition: Oblate mit Krippenmotiv.

2
Warten auf den ersten Stern am Himmel.

3
Unser mit echten Kerzen geschmückter Christbaum.

Keksen plauderten. So hatten wir Eltern ein kleines Zeitfenster, um die Geschenke unter den Baum zu legen. Damit blieb ein kleines Stückchen Geheimnis ums Christkind erhalten, denn es dauerte einige Jahre, bis die Kinder kombinierten, dass das „Geschenke-Zeitfenster" wohl während ihres Besuches bei der Nachbarin sein musste. Auch wenn sie wissen, wer hinter dem Christkind steckt, so darf doch ein kleines bisschen Heimlichkeit bleiben. Dass Gott Mensch wurde in Gestalt eines kleinen Kindes, dessen Geburt wir mehr als 2000 Jahre später noch feiern, ist schließlich auch eine ganz schöne Überraschung.

Der erste Stern am Himmel

Den Christbaum schmücken wir meist schon am vierten Adventssonntag – die Kinder übernehmen das sehr gerne. Dementsprechend kreativ und beladen ist der Baum. Jedes Jahr ein klein wenig anders und man kann ziemlich gut erkennen, wie hoch die Kinder es geschafft haben, die Dekoration aufzuhängen. Als die Kinder noch kleiner waren, fand sich das meiste auf den untersten Ästen – mittlerweile ist es schon etwas ausgeglichener.
Der Heilige Abend ist ein Tag voller kleiner und großer Besonderheiten. Da der Christbaum schon vorbereitet ist, ist es ein sehr ruhiger Tag. Den ganzen Vormittag über bin ich

Dass Gott Mensch wurde in Gestalt eines kleinen Kindes, dessen Geburt wir mehr als 2000 Jahre später noch feiern, ist schließlich auch eine ganz schöne Überraschung.

jedes Jahr im Krankenhaus und besuche alle Patienten, die zu Weihnachten dortbleiben müssen, mit einem kleinen Weihnachtsgruß. Das ist eine sehr intensive und wunderschöne Aufgabe, die mir sehr wichtig ist. Während dieser Zeit ist es – theoretisch jedenfalls – die Aufgabe der Kinder, ihre Zimmer und überhaupt das Haus ein wenig aufzuräumen, und sie bereiten mit ihrem Papa einen ganz besonderen Salat zu. Es ist ein Rezept meiner Schwiegermutter und ist, wie einige kleine Traditionen an diesem Tag, aus der Heimat meines Mannes. Von der Familie aus Polen bekommen wir

Der Heilige Abend beginnt, wenn der erste Stern am Himmel zu sehen ist.

„Opłatek" geschickt, die wir am Heiligen Abend miteinander teilen, und wir legen etwas Stroh unter das Tischtuch, um an das Krippenstroh zu erinnern. Auch wird ein Teller mehr gedeckt als notwendig – und erinnert daran, dass wir auch überraschend jemand zu Gast bekommen könnten und ihn willkommen heißen sollten. Auch wenn es natürlich nicht völlig überraschend ist, so haben doch die Großeltern häufig bei uns Weihnachten gefeiert und die Gästeteller genießen dürfen. Nach dem Tod meines Vaters kam meine Mutter allein und feierte mit uns – und es war eine bittere Leere, die nach ihrem Tod bei dem Teller für einen Gast blieb. Es war tatsächlich niemand gekommen.
Der Heilige Abend beginnt, wenn der erste Stern am Himmel zu sehen ist. Als die Kinder noch kleiner waren, verbrachten sie schon den halben Nachmittag vor den Fenstern, um Ausschau nach dem ersten Stern zu halten. Mittlerweile sind sie schon deutlich entspannter – aber wenn es dann zu dämmern beginnt, blicken sie immer noch aus dem Fenster und suchen den Weihnachtsstern. Eine alte Legende besagt, dass zu Weihnachten die Tiere sprechen können – auch wenn wir das natürlich noch nie so deutlich beobachtet haben, so ist dieser Tag auch für die Tiere auf unserem Hof etwas Besonderes. Sie bekommen einen kleinen Leckerbissen beim abendlichen Stallgang und auch ihnen wünschen wir ein schönes Weihnachtsfest.

Eigene Traditionen finden

Wir haben einige Zeit gebraucht, um für uns herauszufinden, welche Traditionen uns so wichtig sind, dass wir sie mit unseren Kindern teilen möchten. Vor allem als die Kinder kleiner waren und wir Weihnachten mit den jeweiligen Großeltern feierten, war es nicht immer so klar, was genau „unsere" Familientradition sein könnte. Mit den Jahren wurde das besser spürbar, vor allem weil die Kinder sehr feinfühlig sind und genau wissen, was für sie wichtig ist und zu einem besonderen Festtag „dazugehört". In der Weihnachtszeit sind das natürlich der Christbaum, das Aufstellen der Krippe und das gemeinsame Musizieren. Aber auch einige Speisen gehören dazu, wie etwa ein besonderer Salat, den wir nur zu Weihnachten zubereiten und genießen. Es macht Vertrautheit spürbar, wenn sich Dinge, die gut tun, Jahr für Jahr wiederholen.

Unser Weihnachtssalat

1 kleine Zwiebel
3 große, weich gekochte Karotten
300 g Krabbenrollen (Surimi) oder
   gekochtes Putenfleisch
250 g Ananas
250 g Mais
Mayonnaise

Zwiebel, Karotten, Surimi und Ananas in kleine Würfel schneiden. Mais gut abtropfen lassen und mit den anderen Zutaten vermischen, dann Mayonnaise unterheben. Die Mischung einige Stunden im Kühlschrank ziehen lassen. Der Weihnachtssalat schmeckt besonders gut mit frischem Brot – nicht nur am Heiligen Abend.

Ketten-Erlebnisse

Es war im ersten Winter, den wir hier erlebten, als ich – damals noch im Praktikumsjahr in Pfarren etwa 50 Kilometer von hier entfernt – zu einer abendlichen Sitzung unterwegs war. Es schneite, die Straße war schlecht geräumt – und rückblickend muss ich auch feststellen: Es war Neuland für mich. In der Stadt lag kaum jemals Schnee und durch ein gut ausgebautes Netz an öffentlichen Verkehrsmitteln war ich auch gar nicht so sehr auf winterliches Autofahren angewiesen. Nun aber war alles ganz anders: Ich saß im Auto und schlitterte auf der Fahrbahn dahin. Irgendwann versuchte ich es mit Schneeketten – es war zum Verzweifeln! Dass ich an jenem Tag überhaupt jemals an mein Ziel kam und dann auch wieder zu Hause landete, ist ein kleines Wunder. Schon am nächsten Tag ließ ich mich in die Kunst des Schneekettenanlegens einweisen und wurde immer sicherer dabei – eine Fähigkeit, die hier überlebenswichtig ist!

Rutschpartie

In einem anderen Jahr war ich mit den Kindern unterwegs mit unserem großen Auto. Es schneite nur leicht, aber die Fahrbahn war rutschig und ich geriet auf der steilen Passstraße ins Schleudern. Wir hielten alle die Luft an – Gottseidank kam in diesem Moment kein Gegenverkehr! Auf der Gegenfahrbahn kamen wir zu stehen. Ich wagte es nicht, das Auto zu lenken oder gar auszusteigen. Zu sehr fürchtete ich, wieder ins Rutschen zu geraten. Da entdeckte ich im Rückspiegel, dass hinter mir einige andere Fahrzeuge ebenfalls ins Schleudern gerieten und wie zuvor ich die Straße hinunterschlitterten. Ein Wunder, dass es nicht zu Zusammenstößen kam! Irgendwann standen alle Fahrzeuge. Langsam wagte sich jeder aus dem Auto und versuchte sich an den Schneeketten, die offensichtlich notwendig waren, obwohl kaum Schnee auf der Fahrbahn lag.

Zwar war ich mittlerweile schon geübter im Anlegen der Schneeketten, aber beim ersten Mal im Winter war es doch wieder ungewohnt. Zudem zitterte ich ziemlich – das Schleudern saß mir offensichtlich tief in den Knochen. Wie froh war ich, als sich ein Polizeiauto näherte, um die Straße abzusperren. Nach und nach unterstützten die Polizisten all jene, die Hilfe beim Anlegen der Ketten brauchten, und winkten uns auf die sichere Straßenseite, um weiterfahren zu können.

Notwendiges Können

Das Anlegen der Schneeketten ist definitiv etwas, das wir hier neu gelernt haben und wirklich beinahe jedes Jahr brauchen. Sicher erleichtert ein Allradauto so einiges, aber es ist doch wichtig, diese Ketten mit dabei zu haben. Sie sind ein wenig wie ein Rettungsseil, das über schwierige Stellen hinweghilft. Es ist erstaunlich, wie sehr ich jedes Mal hoffe, dass jemand vorbeikommt und mir diese Arbeit abnimmt. Und doch tut es gut, tief im Inneren zu wissen: Ich kann das! Meistens ist es nämlich so, dass ich wirklich selbst gefordert bin und Schritt für Schritt die beiden Vorderreifen mit den Ketten versehen muss. Es macht mich fast ein wenig stolz, das hinzukriegen und das Fahrzeug sicher über schwierige Wegstellen zu manövrieren.

1
Bei so viel Schnee geht es bergab mit dem Schlitten am besten.

2
Für die Kinder bietet der Winter viel Vergnügen.

Elsa, die Stallkönigin

In unseren Anfangsjahren waren wir voller Tatendrang in Sachen Selbstversorgung. In Anbetracht unseres beträchtlichen Milch-, Butter- und Joghurtverbrauchs, der mit Ziegenmilch nicht abdeckbar war, überlegten wir, eine Kuh auf unserem Hof willkommen zu heißen. Es dauerte nicht lange, bis wir – sogar hier im Ort – eine Kalbin kauften und uns langsam an die neue Stallbewohnerin namens Elsa gewöhnten. Es war doch eine Umstellung: Die Schafe wirkten neben der Kuh klein und die Hörner unserer neuen Hofbewohnerin waren doch recht eindrücklich. Es war gar nicht so einfach mit unserer Dame. Sie hatte ihren eigenen

> Die Schafe wirkten neben der Kuh klein und die Hörner unserer neuen Hofbewohnerin waren doch recht eindrücklich.

Kopf und war weit schwieriger zu beeindrucken als die Schafe und Ziegen – vor allem war sie natürlich deutlich kräftiger. Ihre großen, sanften Augen mit den langen Wimpern bewunderte ich jedes Mal, wenn ich in den Stall kam – aber vor allem bei Schlechtwetter war es kaum möglich, die junge Kuh dazu zu motivieren, hinaus in die Kälte zu gehen. Gutes Zureden, ein Stab in meiner Hand oder Locken mit Futter – wenn Elsa nicht wollte, konnte ich noch so kreativ sein: Sie war stärker und setzte ihren Willen durch.

Schwergewicht

An einem Morgen hatte ich die Stalltür offen gelassen in der Hoffnung, dass unsere Kuh selbst ihren Weg hinausfinden würde. Ich war gerade damit beschäftigt, Heu in die Futterraufe zu legen, als Elsa ihren Kopf aus der Stalltür steckte. Ich freute mich sehr darüber und lockte sie noch mit etwas Kraftfutter – was sich als großer Fehler herausstellen sollte. Elsa nahm Anlauf, voller Vorfreude auf den Leckerbissen in meiner Hand,

und war schneller bei mir, als mir lieb war. Unter einem ihrer Beine war mein Gummistiefel – gerade noch hatte ich meinen Fuß aus dem Stiefel ziehen können und hüpfte so schnell ich konnte einbeinig in Sicherheit. Elsa beeindruckte das gar nicht, sie widmete sich nun dem Heu – und ich traute mich gar nicht, meinen Stiefel unter ihrem Huf wegzuziehen. So schnell ich nur irgendwie konnte, schloss ich die Stalltür und humpelte ins Haus. Es dauerte nicht lange, bis der Schreck nachließ – und dafür die Schmerzen in meinem großen Zeh spürbar wurden. Elsas Gewicht, auch wenn es nur sehr kurz auf ihm gelastet hatte, hatte er offensichtlich nicht standgehalten.

Glückliche Wendung

Mit der Zeit wuchs die Erkenntnis, dass die Kuh doch eine Nummer zu groß für uns war. Es war eine glückliche Fügung, dass ein Biobetrieb etwas weiter von uns entfernt auf der Suche nach einer jungen Stallkönigin war und sich Elsa zu seiner Herde holte. Es war ein schwerer Abschied, der aber für uns auch vieles erleichterte. Als dann Monate später ein Foto mit unserer Elsa und ihrem neugeborenen Kälbchen, das verschmitzt in die Kamera blickte, bei uns ankam, freuten wir uns. Auch wenn unser Plan nicht ganz aufgegangen war (wir waren gar nicht so weit gekommen, sie zu melken), so spürten wir, dass wir bei all unserem Streben nach Selbstversorgung doch auch an unsere Grenzen stießen. Das bedeutete aber nicht unbedingt ein Scheitern, sondern war vielmehr eine neue Erfahrung, die uns auch Perspektiven eröffnete, an die wir zuvor gar nicht gedacht hatten.

Ein seltsamer Gast

Die Tiere auf unserem Hof können immer ins Freie gehen – nur möchten sie dies manchmal nicht so gerne. Vor allem bei starkem Schneefall oder wenn alle Flächen von der weißen Pracht bedeckt sind und sie eigentlich nichts zum Fressen finden.
Die Hühner sammeln sich meist entlang der Stallmauer und wollen noch nicht mal in den umzäunten Frei-

bereich ihres Geheges, in dem sie auch vor Greifvögeln oder anderen Raubtieren sicher sind. Ganz hinaus ins Freie schlüpfen sie erst recht nicht, wenn sie dabei nur über Schnee laufen müssten.

An einem Nachmittag geschah aber etwas Seltsames: Alle Hühner waren draußen im Schnee. Wir staunten: Wollten sie etwa doch etwas Neues entdecken? Als wir uns dem Gehege näherten, stellten wir fest, dass irgendetwas nicht stimmte. Da war ein Tier im eingezäunten Bereich – aber es war definitiv kein Huhn. Was war das nur?

Wir staunten nicht schlecht: Ein Habicht hatte sich in den Hühnerstall gewagt und fand nun keinen Ausweg mehr. Welch Ironie des Schicksals: Der Habicht war im Hühnerkäfig gefangen, während die Hühner draußen im Freien besorgt in ihren eigentlichen Bereich hineinblickten.

Ein wenig zauderten wir: Was sollten wir nun tun? Der Raubvogel ließ sich nicht so einfach fangen und offensichtlich hatte er auch Angst. Wir wollten ihn weder

stressen noch uns oder die Hühner in Gefahr bringen. Ein Freund gab uns am Telefon einen wertvollen Tipp: Wir sollten eine Decke über den Vogel werfen, ihn dann nehmen, heraustragen und freilassen. So wollten wir es wagen. Ein wenig besorgt waren wir wegen der Hühner – würde sich der Habicht danach sofort auf die zitternde Vogelschar stürzen?

Aber es kam ganz anders: Der Habicht ließ sich unter der Decke gut aus dem Stall tragen und wir brachten ihn an eine Stelle etwas weiter von den Hühnern entfernt. Dort nahmen wir die Decke ab und so schnell er nur irgendwie konnte, stieß der Vogel in den Himmel auf und flog davon. An unseren Hühnern hatte er glücklicherweise kein Interesse mehr.

1
Ein Habicht gefangen im Hühnerkäfig.

2
Die Kinder wagen sich, anders als unsere Tiere, immer gern in den Schnee hinaus.

3
Eine ganz schön große Nummer: unsere Kuh Elsa.

Jahreswechsel

Auch wenn wir Eltern manchmal einfach lieber schlafen würden, statt auf das neue Jahr zu „warten", ist es doch etwas ganz Besonderes, wirklich bis Mitternacht wach zu bleiben und dann gemeinsam das neue Jahr zu begrüßen. Immer wieder haben wir am Silvesterabend Gäste, mit denen wir die Stunden gemeinsam bei gutem Essen und fröhlicher Unterhaltung verbringen. Es werden zahlreiche Brett- und Gesellschaftsspiele gespielt und auch das Revue-passieren-Lassen des vergangenen Jahres mit Fotos oder gegenseitigem Erzählen von Erlebtem gehört für uns zu dieser Nacht. Dann um Mitternacht mit einem Gläschen Sekt oder Fruchtschorle anzustoßen und einander ein glückliches neues Jahr zu wünschen, lässt froh in die Zukunft blicken.

Wachsgießen zu Silvester

Eine umweltschonende Variante des „Bleigießens" zu Silvester ist das „Wachsgießen". Wir verwenden dazu nicht vollständig abgebrannte Christbaumkerzen. Besonders gut gelingt das Wachsgießen mit Bienenwachs, da paraffinhaltige Kerzen oft zu flüssig sind und keine zusammenhängenden Formen bilden. Zunächst wird eine Schüssel mit Wasser bereitgestellt. Die Person, die an der Reihe ist, nimmt eine brennende Kerze, lässt etwas Wachs schmelzen und tropft dieses nach und nach in das Wasser. Es entstehen interessante Formen. Im Vorfeld kann schon überlegt werden, welche Bedeutung die einzelnen Formen haben könnten. Wenn das Wachs sich hufeisenähnlich im Wasser formt, kann das beispielsweise Glück bedeuten usw.

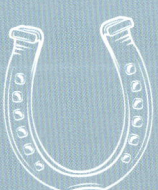

Tipp: Das gegossene Wachs kann gesammelt und später zum Kerzengießen verwendet werden!

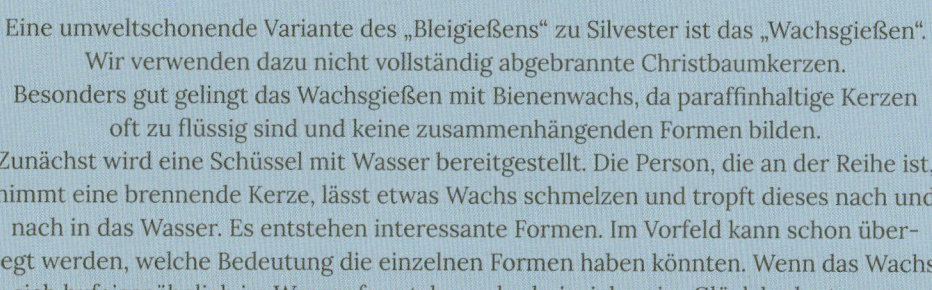

Sternsingen

In der Stadt, in der ich aufgewachsen bin, war in der Pfarre das Sternsingen immer eine aufregende Aktion. Unzählige Kinder lernten die Sprüche, bastelten oft auch die Sternsingerkronen selbst und marschierten dann in kleinen Gruppen durch die Straßen unserer Wohnviertel. Schon damals (also vor knapp 30 Jahren mittlerweile) kam es immer wieder vor, dass Menschen ihre Tür nicht öffneten oder uns Sternsinger beschimpften.

Aber wir ließen uns nicht entmutigen und klopften an die nächste Tür, um unsere Lieder zu singen und Geld für Projekte in ärmeren Ländern zu sammeln.

Hier im Dorf ist das Sternsingen auch etwas ganz Besonderes: Unsere Kinder sind mit viel Freude dabei. Sie werden deutlich herzlicher willkommen geheißen, als ich das einst erlebte. Die Wegstrecken sind oft ziemlich weit und so fahren sie mit den Gruppenbegleitern auch einzelne Stücke mit dem Auto. Das Lernen der Sprüche und Lieder ist eine willkommene Abwechslung in den Weihnachtsferien.

Das Sternsingen – die Dreikönigsaktion insgesamt – ist so etwas wie ein kleiner Blick in ferne Länder und Lebenswelten. Die Kinder sammeln zum Beispiel Spenden für Schulprojekte und freuen sich, wenn die Menschen in den Häusern etwas in die Sammelbox werfen. Die Besuchten werden dafür mit Liedern, Sprüchen und Segenswünschen für das neue Jahr beschenkt. Es ist etwas, das im ersten Jahr der Corona-Maßnahmen deutlich fehlte. Die Kinder waren ziemlich betrübt darüber, in diesem Jahr nicht von Haus zu Haus ziehen zu können. Doch völlig überraschend ergab sich dann doch noch eine Möglichkeit. Ein Glück, dass wir genau vier Kinder haben, die die Rollen der Sternsinger übernehmen können und so eine ganze Gruppe darstellen. Der Gedanke war, dass wenn die Sternsinger nicht persönlich von Haus zu Haus gehen können,

> Die Besuchten werden mit Liedern, Sprüchen und Segenswünschen für das neue Jahr beschenkt.

sie dies wenigstens virtuell tun könnten. Die Kinder lernten die Lieder und Texte, jemand brachte die Kleider und Kronen vorbei, wir filmten die einzelnen Abschnitte und danach machte sich ein kleines Team ans Werk. Der kurze Film mit den Sternsingergrüßen wurde digital von Haus zu Haus geschickt – eine etwas andere Sternsingeraktion, bei der die Menschen mit Segenswünschen beschenkt und eingeladen wurden, bei ihrem nächsten Besuch in der Gemeinde eine kleine Spende in eine vorbereitete Box zu werfen.

Es war natürlich nicht der große Spaß wie in den früheren Jahren und das fröhliche Miteinander mit den anderen Kindern des Dorfes fehlte, aber es war ein kleines Zeichen der Normalität in einer ziemlich außergewöhnlichen und oft auch belastenden Zeit. Etwas, das nach vielen Monaten des Ausnahmezustandes (vor allem im Blick auf den Schulbesuch) ein klein wenig Hoffnung schenkte. Es gibt immer wieder einen Weg, wenn Menschen zusammenarbeiten und man es wagt, kreativ zu sein.

Die Kinder verkleidet als Sternträger und die drei Könige: Caspar, Melchior und Balthasar.

AUSBLICK
– von Kopf bis Fuß

mittendrin

im Leben

unterwegs

erdige haut
staubige zehen
schmerzender rücken
blasen an den fingern

und

tief drin
dankbarkeit
freude
glück

von
kopf bis fuß
mit haut und haaren
mittendrin

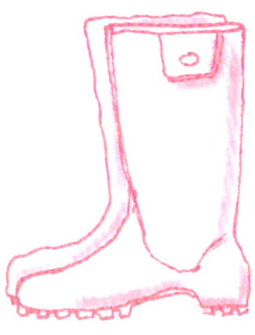

Den Himmel im Herzen, die Erde unter den Füßen

Als wir uns an einem kalten Winternachmittag das erste Mal Gedanken um den Neubau unseres Stallgebäudes machten, war das Thema Corona noch scheinbar weit weg von uns. Niemand ahnte, dass wir damit wirklich ganz konkret konfrontiert werden könnten. Unsere ersten Gespräche mit Firmen zur konkreten Planung führten wir noch ganz ohne Abstandsregeln oder Mundschutz. Erste Pläne wurden gezeichnet, besprochen, verworfen und neu entwickelt. Dann folgte eine lange Pause. Monate, in denen wir das Wort „Lockdown" zum ersten Mal hörten und Zeiten, in denen wir uns fragten, was wir nicht noch alles schaffen sollten: die Bauplanung, der Hof, unsere Jobs außerhalb, die in den Krisenzeiten besonders gefragt waren, die Kinderbetreuung mit Unterrichtsaufgaben, die zu Hause erledigt werden sollten … – herausfordernd in allen Bereichen. Mit einem Mal waren da Fragen und Probleme, mit denen wir uns noch nie in unserem Leben auseinandergesetzt hatten. Im Sommer entspannte sich die Situation etwas. Monate, in denen die Arbeit am Hof wieder im Mittelpunkt stand in

einem sehr frucht- und ertragreichen Jahr. Es war ein Sommer, in dem wir zwar kein Meer sahen, uns aber trotzdem mit kleinen Auszeiten und besonderen Unternehmungen ein Stück Urlaubsgefühl möglich machten. Wir sprachen ab und an mit jemandem über unsere Idee, das Stallgebäude zu erneuern und darin auch Platz für Gäste am Hof und das Angebot von „Schule am Bauernhof" vorzusehen. Die einen reagierten erstaunt: „In Zeiten wie diesen macht ihr solche großen Pläne?", die anderen eher ablehnend: „Seid ihr verrückt?"

Ein bisschen verrückt

Diese Frage begleitet uns nun eigentlich schon, seit wir uns kennen. Wir hörten sie, als wir nach nur vier Monaten beschlossen zu heiraten. Einfach so, weil wir fanden, dass wir zusammengehörten. Wir hörten sie, als wir von der Stadt hierher in dieses entlegene Tal zogen. Einfach so, weil wir keinen Grund dagegen

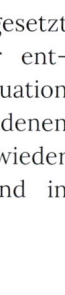

1
Das alte Stallgebäude kurz vor dem Abriss.

2
Holz, Heu und jede Menge Staub – Abbrucharbeiten vor dem Neubau des Stallgebäudes.

3
Morsche Balken und viele neue Ein- und Durchblicke.

wussten. Wir hörten sie, als wir beschlossen, erste Schritte in der Landwirtschaft zu wagen. Einfach so, weil wir es versuchen wollten. Wir hörten sie, als wir unser viertes Kind erwarteten und wir uns riesig darüber freuten. Einfach so, weil unsere Kinder ein ersehntes Geschenk sind. Wir hörten sie, als wir einen Versuch wagten, mit dem Selberscheren der Schafe – was rückblickend betrachtet wohl keine so gute Idee, aber immerhin eine interessante Erfahrung war – und wir hörten sie auch, als wir begannen, die steilen Hänge in Längs- statt in Quer-„Riegeln" zu heuen. Das erschien uns einfacher und bewährt sich bis heute. Dass nun auch noch das alte Stallgebäude Stück für Stück abgetragen wird und etwas Neues entstehen soll? Ziemlich verrückt!

Neues wagen

Es ist ein Risiko, etwas Neues zu wagen. Jedes Wagnis braucht ein Stück Mut. Es würde nie Veränderung geben, wenn es nicht Menschen gäbe, die etwas wagen. Vielleicht sind wir tatsächlich verrückt. Im Sinne von ver-rückt. Weggerückt vom vielleicht üblichen Weg. Wir haben beide studiert, sind in Städten aufgewachsen und haben in unseren Plänen eigentlich keinen Bauernhof gehabt. Und trotzdem sind wir hier. Weggerückt vom Üblichen. Abseits von scheinbar sicheren Wegen. Abseits von Erwartungen.

Es ist uns bewusst, dass niemand von uns weiß, wie lange wir bei guter Gesundheit sein werden und unseren Weg so glücklich weitergehen können. Aber wir sind voller Zuversicht und Vorfreude auf das Kommende. Wir sind dankbar für das, was wir schon geschafft und erlebt haben. Und wir vertrauen darauf, dass es da einen gibt, der es gut mit uns meint. Wie auch immer alles kommen wird. Wir wissen: Das Leben ist ein Geschenk.

Fragen ohne Antwort

Es gibt sie natürlich auch, die Momente der Unsicherheit und der Zweifel. Vor allem, als die konkreten Termine mit Bauverhandlungen und Gespräche mit der Bank

anstanden. Denn da war wirklich der Zeitpunkt, an dem wir alles fixierten. Der Moment, in dem es begann, von einer Vorstellung in die Realität überzugehen.

Manchmal, wenn wir Dokumentationen schauen oder etwas über die Entwicklung der Landwirtschaft lesen, überkommen uns leise Zweifel: Wie können wir als wirklich extrem kleiner Bauernhof überhaupt gegen die riesige Landwirtschaftsindustrie und das Bedürfnis so vieler Menschen nach billigen Nahrungsmitteln ankommen? Ergibt das überhaupt Sinn in einer Zeit, in der eigentlich niemand so recht weiß, ob noch weitere Corona-Maßnahmen kommen und ob es überhaupt eine gute Idee ist, ein Ferienangebot für Menschen vorzubereiten?

> Jedes Wagnis braucht ein Stück Mut. Es würde nie Veränderung geben, wenn es nicht Menschen gäbe, die etwas wagen.

In solch herausfordernden Zeiten tut es mir gut, mich auf die jahrhundertealte Geschichte unseres Hofes zu besinnen. Beim Renovieren hatten wir auf dem Dachboden in einem großen Sack alte Dokumente, teilweise über 300 Jahre alt, gefunden. Ein Stück Geschichte unseres Hofes und der Menschen, die hier lebten und arbeiteten.

Hof-Geschichte

Unser Hof war schon immer ein kleiner Hof, der – und das ist für die vergangenen Jahrhunderte doch ziemlich erstaunlich – fast immer in Frauenhand war. Der Hof ging sehr oft an eine Tochter über und wurde dann von ihr und ihrer Familie bewirtschaftet.

Auch in der näheren Vergangenheit war das schon so: Meine Urgroßmutter übergab den Hof an ihre Tochter, meine Großmutter. Diese wiederum übergab den Hof an ihre Tochter, meine Mutter. Und sie übergab den Hof dann mir.

Ich fühle mich den Frauen-Generationen vor mir sehr verbunden. Manchmal frage ich mich, was sie sich wohl über den Weg denken, den wir jetzt beschreiten. Sie waren alle Frauen, die wussten, was sie taten. Jede hatte einen Beruf gelernt und war ein Stück weit unabhängig. Sie waren Frauen ihrer Zeit, so wie ich eine unserer Zeit bin. Und doch sind wir durch diesen Hof auf eine besondere Weise verbunden – wie wohl auch die Männer: Mein Großvater hatte hierher geheiratet und den Hof zu dem gemacht, was er dann lange Zeit war. Mein Mann ist auch neu hierhergekommen, und was unser Hof heute ist, ist wohl hauptsächlich ihm zu verdanken und seiner Fähigkeit, immer mal wieder etwas Neues zu wagen und zu lernen. Jede Generation hinterlässt hier ihre Spuren. Um den Hof wachsen Bäume und liegen Felsen, die wohl mehr gesehen haben, als sich jemals in der menschlichen Erinnerung festhalten ließe.

Veränderung wagen

Wenn man die historischen Dokumente liest, wird eines klar: Es gab immer wieder Jahrzehnte, in denen recht wenig geschah. In denen man vor allem damit beschäftigt war zu überleben: Kriege, Hungersnöte, Wetterextreme, Krankheiten … – trotz allem gab es aber immer irgendwann jemanden, der es wagte, etwas Neues umzusetzen. Trotz aller Schwierigkeiten. Manchmal war das ein besonderes Gerät zur Erleichterung der Arbeit. Manchmal wurde ein neues Gebäude gebaut. Menschen nutzten ihre handwerklichen Fähigkeiten und verkauften das, was sie selbst geschaffen hatten: Genähtes, Gestricktes, Holzarbeiten.

In den Übergabeverträgen ist genau festgehalten, was auf den Höfen zu finden war. Die genaue Anzahl der Töpfe und Pfannen, Tiere, Nahrungsvorräte, Saatgut. Listen, die zeigen, mit wie wenig Menschen auszukommen vermochten.

Die Generation meiner Großeltern hatte in den schwierigen Nachkriegsjahren ein neues Wohnhaus gebaut: einfach, aus Holz, aber solide. Dieses Haus bewohnen nun wir.

Das alte Wohnhaus wurde damals abgerissen und ein noch älteres Haus, das schon vor der Urgroßelterngeneration bewohnt worden war und auch landwirtschaftlich genutzt wurde, wurde damals endgültig zum Stall umfunktioniert.

Vor etwas mehr als zehn Jahren, damals gut zwanzig Jahre nach dem Tod meiner Großeltern, wagten wir einen Neuanfang hier. Wir waren gut beschäftigt mit dem Bewahren und Renovieren dessen, was wir hier vorfanden. Aber jetzt sind wir diejenigen, die es nach so vielen Jahrzehnten wagen, wieder etwas Neues zu schaffen. Es ist keine revolutionäre Idee, ein neues Stallgebäude mit vielfältiger Nutzbarkeit zu bauen, aber es ist auch Teil der Geschichte des „Schotthofes". Was auch immer nach uns hier geschehen wird.

Schritt für Schritt

In dieser Zuversicht stehen wir jetzt mittendrin im Geschehen und tragen dicke Bretter und Balken auf Stapeln zusammen, um aus dem alten Holz später einmal ein neues Gewächshaus, einen Unterstand für die Tiere oder eine Bienenhütte bauen zu können. Wir sortieren, was wir bewahren möchten und was wir weitergeben oder entsorgen. Manchmal staunen wir darüber, was wir in all den Jahren hier noch gar nicht entdeckt haben: Alte Werkzeuge und Geräte, deren Verwendung wir auf den ersten Blick gar nicht zuordnen und erst durch Recherchen in einen Zusammenhang mit unserem Hof bringen können.

Wir decken das alte Dach mit Planen ab, um das restliche Heu, das direkt darunter liegt, bis zum endgültigen Abriss des Stalles trocken zu halten, weil das Dach durch den schweren Schnee in diesem Winter endgültig das Zeitliche gesegnet zu haben scheint. Wir sind ein wenig besorgt, ob das Gebäude überhaupt noch halten wird, weil es doch ziemlich schief geworden ist durch die Schneelast. Wir setzen die Zäune in den Feldern anders als in den Jahren zuvor, weil wir die Tiere von der zukünftigen Baustel-

le, die wohl einige Monate in Anspruch nehmen wird, fernhalten wollen. Die Kinder sind hin- und hergerissen zwischen Aufregung und auch ein wenig Sorge über die Veränderung. Es ist ihr Zuhause, das sie nicht anders kennen. Die alten, morschen Balken mit den Fledermäusen, die einen beim Öffnen des Scheunentores erschrecken – sie weichen nun neuen Balken. Aber vermutlich dauert es auch dann nicht lange, bis sie von neuen Naturbewohnern entdeckt werden. Ein bisschen wehmütig sind wir, aber vor allem auch bereit für etwas Neues. Es ist unfassbar viel Arbeit und manchmal sehen wir einander an und sagen: „Vielleicht sind wir tatsächlich ein wenig verrückt?"

Zuversichtliche Vorfreude

Was die Zukunft bringt, wissen wir nicht. Aber wir sind voller Vorfreude und auch ziemlich aufgeregt: Ja, es wird sich etwas ändern hier am Hof!
Der Stall wird heller, größer und nicht nur für die Tiere ein angenehmerer Aufenthaltsort werden. Die Gebäudesubstanz wird so stabil sein, dass wir nicht bei jedem Befahren mit dem Traktor hoffen müssen, dass der Boden überhaupt hält. Und es wird die Möglichkeit geben, dass Menschen hier bei uns am Hof Urlaub machen können. Das ist einerseits eine schöne Möglichkeit, ins Gespräch zu kommen und etwas von dem weiterzugeben, was uns in unserem Bemühen bewegt, und andererseits ist es auch etwas, das unseren Hof durch die Möglichkeit eines Zusatzeinkommens wenigstens ein Stück weit finanziell absichert und zukunftsfähig macht – hoffentlich.

1
Während der Grabarbeiten für den Stallneubau entdeckten wir schöne Fundstücke, die von der Hofgeschichte erzählen.

2
Innerhalb von vier Tagen war das komplette alte Gebäude verschwunden.

3
Ein stabiles Fundament ist gegossen, das hält einen Traktor aus und noch einiges mehr.

1

2

Wir freuen uns, wenn Menschen hierherkommen, die bewusst in die Stille und Einfachheit eintauchen möchten – und vielleicht sogar Lust haben, ein wenig mit anzupacken. Auch das Angebot der „Schule am Bauernhof" wird hier am Hof Platz finden und so auch Kindergarten- und Schulgruppen die Möglichkeit geben, im Rahmen des Unterrichts bestimmte Themen genauer zu bearbeiten.

Wir träumen von vielem und sind voller Sehnsucht, wirklich nur diesen Hof gestalten zu können – und gleichzeitig sind wir geerdet und wissen, dass wir auch in unseren Berufen außerhalb des Hofes wertvolle Aufgaben haben. Zwischen der Sehnsucht und dem Wissen um die Realität bewegen wir uns – und

> Lebenserfahrung ist ein kostbares Gut – aber: Sie gewinnt man nur durch eigene Erfahrung

auch wenn es Tage gibt, an denen der eine Bereich gefühlsmäßig etwas mehr überwiegt als der andere, so fühlt es sich doch gut so an, wie es ist. Wir tun, was uns möglich ist. Wir handeln so, wie wir es für richtig halten. Wir denken viel darüber nach, was wir tun und lassen. Und wir träumen. Sprechen davon, wie es sein könnte, wenn … – und auch das tut gut. Weil es Raum für Entwicklung gibt.

Unsere Kinder werden immer selbstständiger und beginnen sich schon Gedanken um ihre eigenen Lebens-

wege zu machen – wir Eltern sind mit ihnen gewachsen, aber es ist auch unsere Aufgabe, sie freizugeben und ihnen und ihren Entscheidungen zu vertrauen. So wie auch unsere Wege nicht immer einfach waren und vielleicht so manches Mal Umwege waren, so wird das wohl auch in ihrem Leben sein. Lebenserfahrung ist ein kostbares Gut – aber: Sie gewinnt man nur durch eigene Erfahrung.

Zwischen Himmel und Erde

Unlängst standen wir Eltern im Garten und erneuerten den Zaun. Ich hielt die neuen Bretter fest, während mein Mann sie befestigte. Die jüngeren Kinder liefen durch die Felder auf der Suche nach einem Geweih, das womöglich ein Hirsch im Frühjahr hatte fallen lassen. Sie lachten und riefen einander zu, wo sie als Nächstes suchen wollten. Sie entdeckten zwar kein Geweih, aber dafür ein Eichhörnchen, das sie lange beim Klettern und Springen in den Bäumen beobachteten. Das älteste Kind saß etwas entfernt von uns im Garten und versuchte, eine Ente davon zu überzeugen, sich streicheln zu lassen. Als ihr das nicht gelingen wollte, widmete sie sich unserem Hund, der jederzeit bereit für Streicheleinheiten ist.

Ich empfinde tiefes Glück, dort am Zaun zu stehen und ein wenig in der Abendsonne zu frösteln. Ich spüre, wie rau meine Hände von der Arbeit sind, und sehe das Lächeln im Gesicht meines Mannes, wenn der Nagel ins Holz geklopft ist. Ich höre das vergnügte Lachen der Kinder und die leisen, liebevollen Worte für unseren Hund. Ich sehe die Bäume, die wir gepflanzt haben, die wachsen und gedeihen und weiß doch auch um die Träume, die wir hier schon begraben haben. Der Blick wandert zum Himmel und den wehenden Wolken, die ziehen, wie auch die Gedanken frei sind zu wandern. Mal hierhin, mal dorthin.

Solche Momente sind kostbar und erfüllen mich mit tiefer Dankbarkeit und dem Gefühl, dass es gut ist, so wie es ist. Unser Platz ist genau hier. Zwischen Himmel und Erde.

Unser Hof wurde immer wieder von der Mutter an die Tochter vererbt. Wie es wohl in der nächsten Generation weitergeht? Die Mädels sind jedenfalls klar in der Mehrheit.